生き物はすべてつながっている

地球に生きる仲間たち

中川志郎 元上野動物園園長
SHIRO NAKAGAWA

河出書房新社

生き物はすべてつながっている

地球に生きる仲間たち

元上野動物園園長
中川志郎
SHIRO NAKAGAWA

はじめに……夫は大好きな動物たちに囲まれて幸せでした

上野のれん会のタウン誌「うえの」に長年にわたり連載された夫の中川志郎の『地球に生きる仲間たち』が、装いも新たに一冊の本として出版していただけることとなり、この上ない喜びでございます。

今でこそインターネットの時代となり、便利な世の中になっておりますが、当時は手書きでしたので、夫は他からも原稿依頼が多々あったため、勤めの前後に書かなければなりませんでした。

そのため、朝は早く起き、夜は遅くまで執筆、という生活が長いこと続いておりました。今思い出してみましても、若かったからできたのだと思います。

また、当時、送る手段は郵便しかありませんでしたから、私もずい分郵便局へ通ったものでした。

私たちが結婚いたしましたのは、1959（昭和34）年11月でした。天皇・皇后両陛下の御成婚が4月に行なわれ、日本中が沸き立っていた年ですので、私たちにとっても忘れられない思い出深い年となっておりました。

ですから、天皇御一家の歴史とわが家の歴史が重なり合う部分がかなりあり、畏《おそ》れ多いことですが、親しみを感じさせていただいておりました。御一家が三人の宮様方に恵まれなさったように、わが家でも三人の娘に恵まれ同時代を生きてまいりました。

動物園の獣医だった夫は、宮様方がお小さい頃、御一家が飼われていた生き物たちの健康を診《み》るために、何度か宮中に参上させていただいたことがあり、若き日の妃殿下からお茶をご馳走《ちそう》になった様子を話してくれましたので、私はとても羨《うらや》ましく思ったものでした。

後年、秋篠宮殿下の結婚式にお招きいただける日がまいりますことなど夢にも思いませんでした。本当に光栄なことでございました。

1967（昭和42）年、東京都の海外研修制度に合格した夫は、10か月にも及ぶ海外研修に出発いたしました。当時、海外へ行くということは大変なことで、お餞別《せんべつ》をいただいた上に、職場の方々、田舎《いなか》の親戚、ご近所の方々など、大勢の人たちが羽田空港まで見送りに来てくださいました。

私も、末娘をおんぶして飛行場の屋上から飛行機が見えなくなるまで送ったことを、今でも鮮《あざ》やかに思い出します。

この海外研修で、世界各地の動物園を巡り、いろいろな方々と交流したことが、夫の人生の大きな転機になったように思います。

帰国してしばらくすると、上野動物園の飼育課長として任命され、仕事の役割が多くなり、徐々に忙しくなってまいりました。

そして、わが国で初めてのパンダ来日、コアラの受け入れ、トキの保護活動、その他いろいろなことがありましたが、これらについては、夫がすでに多くの場面で発表しておりますので、皆様もご存知ではないかと思います。

それからは、上野、多摩、上野を勤め上げて停年となり、その後、東京動物園協会、日本動物愛護協会などの理事を務め、茨城自然博物館の設立、館長就任などと第一線を走り続け、80歳の声を聞いてやっと辞められることになったとほっとしたところ、一昨年、東日本大震災が起こり、多くの動物たちが取り残されました。

そのため、夫は、救援本部長として全力を尽くして救済にあたりましたが、さすがに疲れが溜《た》まったようでした。

でも、やっと引き継いでくださる方が決まり、これからは少しゆっくりしようと二人で喜んでおりました。

しかし、夫は、昨年5月末、突然、体調を崩し入院、手術を受け一時はすっかり回復し復帰に向けてリハビリに励んでおりましたが、間質性肺炎が急性増悪し様態が急変、

7月16日に帰らぬ人となりました。81歳でした。

でも夫は、大好きな動物たちと、愛し・愛され、助け・助けられた幸せな人生だったと思います。

そんな夫と54年近い日々を一緒に過ごすことができた私も、最高に幸せでした。心から夫に感謝しております。

この本を出版するにあたり、上野のれん会の皆様、「うえの」編集部の真辺晶子さん、写真をご提供いただいた(公益財団法人)東京動物園協会に大変お世話になりました。心から感謝申し上げます。

２０１３年３月

中川啓子

生き物はすべてつながっている・目次

第1章 Animals 共生

第2章 Animals
絆

第3章
Animals
自然

第4章 Animals 遊び

第5章
Animals
愛

第6章 Animals

病気

第7章 Animals

誕生

第8章

Animals

哀悼

装丁　冨澤崇

第1章

Animals

共生

戦争と動物

湾岸戦争が終わった。

おびただしい破壊と消すことのできない傷を人々の心に残して砲火が止《や》んだ。

終戦そのものは確かに喜ぶべきことかもしれない。少なくとも人と人とが殺し合うという事態はなくなったのだから。

だが、その犠牲はあまりにも大きい。

勝った負けたの人間の論理とはまったく関係のないところで多くの生命が失われ、その影響は将来にわたって測り知れないものがある。

いつの時代でも身勝手な人間の争いのかげで悲惨な巻き添えをくうのはその地の生き物たちなのだ。

戦争中、確かに、油にまみれた1羽のペルシャウの写真は世界の注目を集めた。

心を痛めた人も多かったはずである。

だが、この地域にすむ動物はもちろんペルシャウだけではない。


M・C・ジェニングス（1981年）によると250種にのぼる鳥類の生息が知られているし、アブダビ市沿岸ではジュゴンの生息も確認されているのである。

しかも、鳥たちにとってこの時期は渡りや繁殖の時期にあたり、その影響はさらに深刻なはずである。

ペルシャウはカワウに近縁の鳥だという。

夕方、不忍池の畔《ほとり》に立つと、編隊を組んだウたちが次々と帰ってくるのを見る。木に止まるもの、巣につくもの、島はたちまち鳥たちの鳴き声で喧騒《けんそう》に包まれる。

夕映えの中のシュルエットになったその姿はいかにも平和的だ。だが、この鳥たちの姿にダブって、どうしてもあの油まみれのウが瞼《まぶた》に浮かんでしまう。

従来もここのウたちは油流出による被害を受けているのだけれど、今回のように大量の流出はかってなかったという。

羽根の中まで沁《し》みこんだ原油は、いかに羽づくろいをしても除去することができない。体温を保つために必要な綿毛の部分までもべっとりと汚してしまうからである。

親鳥が帰れなければ、巣の中の卵やヒナの運命は目に見えている。

ＷＷＦ（世界自然保護基金）や自然保護団体がすでに救助活動に入っているということだが、きわめて困難な作業であることに変わりはない。

数年前、アラスカ沖でエクソン社所有のタンカーが座礁《ざしょう》、ここでも大量の原油流出事故があった。このときの救助ボランティアの話によれば、急速な原状回復はきわめて難しいという。このときは、沿岸に生息するラッコが問題になったが、ラッコもまた被毛の油汚染に弱く、たちまち体温を失って死亡してしまうのだ。

ラッコは皮下脂肪がほとんどなく、その豊かな被毛によってのみ体温を保持している動物だからである。ラッコの犠牲は3、000頭以上と言われ、この地域のラッコ群に大きな影響を与えたのである。

アラビア海のジュゴンにとっても事態は深刻なはずだ。沿岸のアマモなど浅いところの海草を主食とするこの動物にとって、海水の汚染はその食料源をも失わせてしまうからである。

事実、数年前の油流出事故の際も、ここのジュゴンは大被害を受け、50頭もの死体が沿岸に打ち上げられたのであった。当時、人々は この事故によってアラビア海のジュゴンは絶滅したのではないか、と危惧《きぐ》したのだが幸いなことに、その後の調査で生き残っていることが確認されたばかりなのだ。

今回の原油流出が、この生き残りの群れに決定的な被害を与えずにすむかどうか、大いに気になるところである。

原油流出の被害は、直接的な汚染以外に、その生物学的な影響は将来にわたって長く継続するからだ。

アラスカ沖の事故の例でも、アメリカの海洋学者によれば一見キレイになったように見えても、その影響は少なくとも今後20年間は続くであろうと予測しているのである。

被害は海だけではない。動物園の動物たちにも直接的な被害があったようだ。

3月4日付の毎日新聞は次のように報じている。「動物園の入口には、角《つの》があったと思われる動物が焼け焦《こ》げた姿をさらし、園内の芝生には息も絶え絶えのカバが餓死寸前、ライオンやトラがいる檻《おり》の中には骨や皮、毛が散乱し、共食いしたらしい様子がまざまざ……」。

私は、この記事を見ながら昭和18年8月の上野動物園を思った。

戦争末期、大空襲におびえた政府が、上野動物園の猛獣14種27頭の処分を命令したときのことである。とくに、餓死させられた3頭のゾウのことは、その後『かわいそうなゾウ』という土家由岐雄氏の文によって多くの子どもたちに知られている。この悲劇を2度と繰り返してはならない。

当時の上野動物園長であった古賀忠道氏を先頭に、動物園復興に努力した人々の気持ちはこの点に集中していた。

それだからこそ、上野動物園再建の旗印として「Zoo is the peace」（動物園は平和そのもの）をモットーに掲げたのである。

けれど戦争は起こった。そしてやはり無心の動物たちがその犠牲になってしまった。

戦争に正義などありはしない。私たちはもう1度、あのときのあのモットーを心に刻む必要があるのではないかと思う。（1991・4）

Animals

波勝崎のサル

・パタスザルの子「サイコ」を人工保育（1959年6月15日　写真提供：東京動物園協会）

海岸に下りて行くと30頭ほどのサルたちが、地面にかがみこむような姿勢でしきりに餌《えさ》を口に運んでいる。言い合わせたように背中を海のほうに向けているのは潮風を避《さ》けているのであろうか。師走《しわす》の風は伊豆半島南端の波勝崎《はがちざき》もまだ冷たいのである。

ニホンザルの毛色は生息地によってかなり差があるのだけれど、ここのサルたちはどちらかと言うと薄い褐色で、潮風がその毛並みを分けると内側も一段と淡い色である。

「あれがボスですよ」

折しも観光客の餌をねだって顔を上げた大柄なサルを指差して管理人が言う。まだ、発情期の名残りで大きい顔が一段と赤い。

昭和32年に野猿公苑として開設して以来14代目のボス猿だそうで「伊豆の錦四郎」という名前をもらっているという。淡い毛色と赤い顔が鮮烈なコントラストとなって、まさに京劇の中に出てくるサルを思わせる趣きがある。

「餌をやるときには、袋を背中のほうに隠して片方の手で与えてください。そうでないと袋ごと取られてしまいますよ……」

一緒に行った家族が売店で買ったビスケットを与えようとすると、すかさず管理人が声をかけてくる。言われてみれば、入苑するときに「おサルさんを見るときの注意」というリーフレットをもらっていて、いくつかの注意事項が書いてあったのである。

だが、三々五々群れているサルたちの姿を目にしたとたん、野生との出合いのインパクトの強さに頭が空白になってしまうのだ。

注意書きに曰《いわ》く「子ザルに近よらない」、「サルにさわらない」、「サルの目をのぞきこまない」、「菓子や果物等を見せない」等々。いかに馴れているとは言っても、もともと野生のサルが、時間を限って人間と場を共有しているにすぎないのだから、それなりのルールがあるのは当然であろう。

ニホンザルと人との出合いがこのように一般的になったのは、実は戦後のことで、しかも昭和20年代、京都大学の霊長類研究グループが高崎山（大分県）の群れの研究を始めてからのことなのである。

それまで、ニホンザルとニホンジンが、これほど接近して生活してきた歴史はない。

高崎山の研究目的の餌《え》づけが成功し、それが観光にも一役買うことができることがわかって、たちまち全国に野猿公園が出現したのだ。

昭和20年から30年代にかけて流行した野猿公園は全国に30数か所にも及び、ここ波勝崎もその1つである。記録によれば昭和28年に地元、伊浜の肥田与平さんという人が餌づけを始め、4年がかりで成功し野猿公苑として開設したものだという。

この地のニホンザルは標高260メートルの波勝山一帯に生息していたものだが、波勝山が垂直に海におちこみ、その北側のわずかな岩壁のとぎれた間に大久保浜という野猿たちの集まる場所が設定されているのだ。開設から半世紀を経《へ》て、ここのサルたちもすっかり人との共生が日常のものとなっていて、自然とますます離れていく現代人の生活の中の1つのオアシス的スポットになっている。

急速に都市化していく自然の中で野性をそのまま体感させてくれる場は年を追って失われていくからだ。

「おサルさんの手のひらって、ずいぶん、やわらかいのね……」と握手を交わした女性が驚きの声を上げ、「そう、木から木に飛び移るときや岩を登るときなど、手のひらがやわらかいとしっかりと握れるからね」と管理人が応じるような関係は、期せずして自然教育の場にもなっているのである。

だが問題がないわけではない。ルールを無視する観光客とのトラブルはあとをたたないし、給《きゅう》餌《じ》や客の投餌《とうじ》による高蛋白栄養の摂取は、サルたちの繁殖率を格段に引き上げ、生息地の許容範囲を超えて増加し続けるという事態を生むからである。

高崎山のサルたちの激増は度々問題になっているが、ここ波勝崎でも、従来の生息地を出てトラブルを起こす例も少なくないという。

折しも、昨年末の朝日新聞の記事にニホンザルの密売というショッキングな内容が掲載されて世間の耳目《じもく》をそばだたせた。

増えすぎたニホンザルを有害鳥獣駆除目的で捕獲し、これを大学、研究所等の実験用に販売していたというのである。

日本の霊長類はニホンジンとニホンザルの2種類しかいない。言うなれば動物として最も近い仲間なのである。

無心に遊ぶ母子ザルを見ながら、ふとあの記事のことが脳裏を横切った。

波勝崎の潮風が、そんな思いを吹き飛ばすようにサルにもヒトにも分け隔てなく太古の匂いを運んでくる。

（２００１・３）

三宅島の動物たち

・ポニーと戯れる

夏が過ぎ秋が過ぎ、やがて例年にない寒い冬が過ぎようとしている。

7月の噴火からすでに8か月も経《た》とうというのに、三宅島は未だ人を拒み続け、寄せ付けようとしない。

初めは噴火によって噴き上げられる大量の火山灰が、植物を窒息させ泥流を発生させるものだったけれど、今や雄山の地下400mまで突き抜けた大きなクレーターから、毎日何トンもの有毒ガスが放出されているのだという。

9月、避難勧告に従って島を離れた人たちも東京の仮住まいを解消することができないまま年を越した。その数約2千世帯3、800人にのぼるといわれる。

国勢調査の歴史の中で、1つの自治体の人口が零《ぜろ》になった例はかつてないという。

しかし、「去るもの日々に疎《うと》し」という諺《ことわざ》もあるように、マスコミの関心の度合は徐々に薄くなり報道の頻度も随分と少なくなっているようだ。

だが、本当の困難はこれからであり、より多くの関心が払われなければならないのはまさに今なのではないであろうか。

そんな中、この2月になって動物好きの私たちをほっとさせるようなニュースが1つ飛び込んできた。

「シェルターの設置が本決まりになりましたよ」

日本動物愛護協会の会田事務局長からの電話である。島民と共に避難してきたペットたちの落ち着き場所が正式に建設されることになったというのだ。

実は、今回の避難勧告の中で特徴的だったことの1つに、ペットたちの同時避難を促したことがあり、これによってほとんどのペットたちが飼い主と共に島を離れることができたのである。

しかし、問題はこれら動物たちの受入先であった。イヌ、ネコなど総数200頭を数える動物をどこに収容するか。彼らもまた心身のケアを必要とする罹災者なのである。

この緊急の命題にすかさず手を挙げたのは東京都獣医師会に所属する動物ケアのプロ集団であった。

東京都の行政組織である動物保護相談センターとタイアップ、80数か所の動物病院に分散受入れを決めたのである。

島民にとって動物のプロの温かい受入け何にもまして心強いものであったにちがいない。

命からがらの脱出現場の中で動物のことなど、と言う人もいるけれど、そんな状況だからこそ動物のことが気がかりなのである。

深夜、三宅島からの船が竹芝桟橋に着く度に、相談センターの職員と獣医師会のメンバーが詰めて、イヌ、ネコを伴って来る人に声をかけ、1頭1頭大切に引き取ったのである。

しかし、その預かり期間が半年を超えることになろうとは誰も予想できなかった。

シェルターがほしい、というのがみんなの願いになった。預ける人も預かる人も、もうじっくりと腰を据《す》えて取り組む以外に方法はないと思うのである。

シェルターというのは、飼われていた動物が災害などで保護者を失ったような場合、これを収容し世話をする常設施設だ。

海外の動物愛護先進国ではごく当たり前の機関であり、官民が協力して運営に当たっていることが多い。

日本でも阪神大震災のときや北海道の有珠山《うすざん》災害のケースで一時的に設置されてはいるが、いずれも臨時的なものでテント張りの仮設のものであり使用後は撤去され、常設のものはかつてなかったと言ってよいであろう。

「良かったね。きっと三宅の人々も喜んでくれると思うよ」

私は、受話器を握りしめながら言った。

東京都が予算を流用してまで、この施設の建設を決定し、避難の長期化に備えようとする姿勢は新しい「動物愛護法」の精神の具現化そのものと言ってよいであろう。

今回、日野市に設けられるシェルターは「三宅島噴火災害動物救護センター」と名付けられ、敷地面積約2千平方m、イヌ90頭、ネコ120頭、合計210頭を収容できる本格的なものだ。

行政がつくるわが国では初めてのシェルターではあるまいか。

ただ、その運営に関しては、東京獣医師会と動物愛護団体が受け持つことになっており募金とボランティアが頼りである。

最近、島に渡った人の話では、火山灰と有毒ガスは相変わらずだが、その陰で木々の芽吹《めぶ》き、小鳥の囀《さえず》りも、わずかながらあったという。

ペットたちが島の人々と一緒に緑豊かな「バードアイランド」(三宅島の愛称)に帰れるのはいつの日のことであろうか。(2001・4)

子どもたちの動物愛護

・上野動物園の人気者・チンパンジーの「スージー」(1955年　写真提供：東京動物園協会)

あいにくの雨だった。

9月20日朝、戸外の木の葉をたたくかすかな雨の音に思わず飛び起きる。今日と明日の2日間は毎年恒例の「動物愛護フェスティバル」、しかも、いつもの不忍池畔会場から上野公園中央広場に場を移しての初めての催しなのである。

それに今年は、この催しの元になっている法律「動物の愛護と管理に関する法律」の施行30周年、所管が総理府から環境庁に移ってから3周年という記念すべき年でもある。それだけに、なんとしても成功させたいというのが関係者の願いであった。とくに、第2日目の21日にはフェスティバル事業初めてという「動物愛護子どもフォーラム」が予定されているのだ。

しかし、天候だけはいかんともし難い。

大丈夫だろうか、不安を胸にしながら上野駅公園口に降り立つと、幸い雨曇ながらここにはまだ雨粒は落ちていない。辛《から》くも出鼻を挫《くじ》かれるという最悪の状況だけは免《まぬが》れたようだ。

10時過ぎ、西洋美術館前を抜け中央広場に出ると、垂《た》れ込める暗雲とは裏腹に「動物愛護ふれあいフェスティバル」のエアーアーチが道行く人の目を惹《ひ》き、色とりどりのPR用のカラー風船が風に揺れ、11時オープンながらすでに会場に立ち寄る人々の姿も少なくない。

噴水前広場の中央に設けられた大テントを中心に、周囲に展開されている各動物愛護関係団体の普及活動展示、協賛各社のＰＲブースが立ち並んで華やかな雰囲気を醸《かも》し出しているからだ。

それに上野動物園目当ての動物好きの人々が思わず引き込まれて立ち寄るという地の利もあったようだ。しかし、中央テントでオールドッグセンターによる愛犬しつけ教室、アイメート協会による盲導犬の実演、日本聴導犬協会による聴導犬の実演などがスピードに乗って展開されると、次第に会場は熱気に包まれていった。

昼過ぎ、こらえ切れなくなったように雨粒が落ち始め、本格的な雨の様相を呈したけれど、もはやこの熱気をとどめることはできない。

悪天候であったにもかかわらず、この日のフェスティバルは上々の首尾であったと言えよう。

問題は初めての経験となる21日の「動物愛護子どもフォーラム」であった。子どもたちを主役にした行事は、21年に及ぶフェスティバルの歴史の中で例がなかったし、最近の子どもたちが動物愛護という主題にどのような関心をもっているのか皆目見当がつかなかったからである。

しかし、フォーラムのテーマ「動物の命に学ぶ」は、昨今の世相を見るにつけ、次代を担う子どもたちにこそ大きな関心を寄せてほしいものであることにちがいない。

当日も雨、しかも本降りであった。

懸念しつつ会場に入ってみると、東京都美術館講堂には家族連れを中心にガールスカート、動物学院の生徒さんなども含め多くの参加者があった。

地元、台東区役所や上野中央通り商店会などの親身の協力があってのことであろう。

司会は落語家の林家たい平氏、軽妙ながらインテリジェンスにあふれた司会には定評があり、緊張しているであろう子どもたちの気持ちを少しでもほぐしてもらおうという配慮である。

　パネリストとして集まってきた子どもたちは総勢9人、いずれも学校で動物飼育に経験があるか、あるいは本人が家庭で直接動物を飼っている体験がある小学校6年生である。小学校の分布は地元の台東区立谷中小学校をはじめとして千代田区、葛飾区、足立区、板橋区、品川区の六区にまたがり、さらに、小学校ながら長期間にわたってシカ（鹿）を飼い続けているという千葉県習志野市袖ヶ浦西小学校からも2名の参加があった。

　助言者には元上野動物園長の斉藤勝さん、獣医の兵藤哲夫さんがあたり、林家さんの求めに応じて当意即妙のアドバイスを送るという仕掛けである。

　子どもたちは次々に立って意見を発表した。「飼っていたハムスターがちょっとした不注意で死んでしまい、動物は可愛《かわい》いだけでは飼ってはいけないのだ」という反省、「自分は動物を飼っていて幸せだけど、飼われている動物たちはどうなんだろう？」という素朴な疑問、「動物が迷子になったときすぐに飼い主がわかるように名札のようなものをちゃんとつけておくべきだ」という提言などが相次いだ。

　なかでも、「あまりにも幼いうちに母親から離されて店頭に並ぶ子犬が可哀相《かわいそう》」という率直な感想や、「人間の安全な化粧品をつくるために多くの動物たちが犠牲になっているのはなぜ？」と問う女子生徒の発言は、動物愛護の本質を考えさせる内容でもあった。

　終了して外に出ると本降りの雨、でもキラキラ光る子どもたちの瞳が心の中をぽっと明るくする。

（2003・11）

キウィと常陸宮様

・（右）キウィ展示館のキウィ
（上）オークランド波止場のキウィの石像

「キウィの本が届きましたよ！」

係りのものが、弾むような声で航空便の包みを館長室に運んできた。ニュージーランド・ウイリントンにあるテパパトンガレワ博物館のベニントン館長から送られてきたものである。

早速、開けてみると予想通りカラフルで美麗な2冊の本、1冊はニュージーランドの「国鳥」であり珍鳥で名高いキウィに関するもの、もう1冊はこの国の生物相について書かれたものであった。

いずれも、茨城県自然博物館開館10周年記念式典に参加されたベニントン館長が、帰国後直ちに送るからと約束していたものだ。

それにしても、すばやい対応に館長の誠実なお人柄が偲ばれ、また、自国の動物について日本の皇室が並々ならぬ関心と知識をおもちだったことへの敬意が込められていることを感じる。

実は、これらの本の贈呈は、式典に御臨席なられた常陸宮・同妃両殿下と、ベニントン館長がたまたまお話をされたことがきっかけになっていたのである。

10周年記念行事としては、宮様ご臨席の式典と共に海外友好館としてのテパパトンガレワ博物館の特別展示が行なわれ、両殿下も親しくごれをご覧になられたのだ。その際、説明役を務めたのがベニントン館長だが、殿下のニュージーランド生物相に関する関心の深さと知識の広範さに心打たれるものがあったという。

　とくに、ニュージーランドの国鳥であるキウィについては、その絶滅への危機に関して深い憂慮の念を示されたことが心に残り、帰国後、早速の関係書籍の贈呈につながったのである。

　私も2度ほどニュージーランドを訪れているが、やはり強烈な印象として記憶に残っているのは、ワイトモ鍾乳洞の天井で満天の星のようにきらめくツチボタルの幻想的な美しさとナイトツアーで見るキウィバードのなんとも不思議な形態と生態であった。

　なかでもキウィはこの国の国鳥でもあり、観光客の関心も高いため、多くの観光地に飼育展示の施設があり、また、博物館でも特別のコーナーを設けて展示解説に力を入れている傾向が顕著であった。

　ただ、生態については、飼育展示施設があるからといって、いつでも手軽に観察できると思うと大間違いだ。私自身、訪問時に観察した数箇所の展示施設で、それぞれ、かなりの時間を費やしたのだが、薄暗い背景の中で、たまたま照明の中を通り過ぎた1羽を確認した程度である。

　しかし、展示動物に無理をさせても商売のためにいつでも見られるようにするなどということよりも、このほうがはるかに保護思想の普及には役立っているにちがいない。

　その分、博物館での展示はどこも力が入っており、その形態、生態、歴史、民俗は言うに及ばず、生理、解剖にいたるまで包括的な展示がなされている。これらを見ていると、改めてこの鳥の特異さが浮き彫りになって迫り、かつて日本の学者がこの鳥に「奇異鳥」の名を当てたのも、むべなるかなと思うのである。

この鳥は鳥類であるにもかかわらず、実に多くの哺乳類的な特徴を具有しており、ある学者は「名誉哺乳類」の称号に値すると冗談混じりに言うほどだ。キウィは嗅覚が抜群に良い。一般に、哺乳類は鼻の動物、鳥類は目の動物と言われるのだが、この一般論はキウィに限っては当てはまらない。

長い嘴《くちばし》の先端に近いところに鼻孔があり、大脳の嗅覚を司る部分も鳥類にしては著しく発達している。この嘴を地中深くに差し込んで、土中の虫などを捕食するのである。また、嘴の根元周囲に生えている長い髭《ひげ》はネズミなど哺乳類の触毛と同じく、鋭敏な感覚で落ち葉などの間に潜《ひそ》む獲物を発見するのに役立っている。

それに体温がまた哺乳類に近い。一般に、鳥類の体温は40℃を超えるのがふつうだが、キウィでは38℃を超えることはまずないのである。

卵を産んで孵化《ふか》させることはほかの鳥類と同じだが、この卵が鳥類の中では飛び切り大きい。なんと体重の15～20%《パーセント》を占めるのである。しかも、その65%《パーセント》が卵黄なのだ。

これもまた、翼を退化させて飛ぶことを諦《あきら》めた鳥であるがゆえの独特の進化と言ってよいであろう。

ただ、天敵がいないという条件の中で獲得したこれらの利点は、人間が移り住んでから逆に弱点となってしまった。飛べない鳥は人間が持ち込んだ犬や猫の格好の獲物と化してしまったからだ。

宮様の関心の核はまさにそこにあり、それを知るがゆえにベニントン博士は早速に保護の現状を知らせてきたのである。

本をお届けした翌日、「博士によろしく」と宮様から丁重なお礼の電話があった。

（２００５・２）

対馬もヤマネコも

・ネコ類専門家のキャシー博士と（中央はツシマヤマネコの着ぐるみ）

正月明け早々、私は長崎県・対馬にいた。

ここには絶滅の危機に直面している山猫の1種・ツシマヤマネコが生息しており、その保護策を検討する「ツシマヤマネコ保全計画づくり国際ワークショップ」が開かれたからである。

9日から12日に及ぶ長丁場、しかも連日、朝早くから夜間に及ぶという内容のぎっしり詰まった会議であった。私は、環境省が組織する「ツシマヤマネコ保護増殖分科会」の座長をしている関係で参加したのだが、実は1990年1月にもヤマネコの現地調査ということで訪問しており、この島にもヤマネコにも縁が深いのである。

しかし、残念なことに、1990年から15年の歳月を経て、ヤマネコの状況は一向に改善の兆しが見えない。1960年代、全島に300頭と推定されていたヤマネコの数は1980年代に100～140頭、1990年代に90～130頭、2000年代前半の調査でも80～110頭と報告されているのだ。この数を見る限り、現状維持の傾向にあると思われがちだが、調査技術の進歩や投入される調査員の質と数などからすれば最近の調査精度ははるかに高まっており、この数字はむしろ生息数の急速な低下状況にあると考えるべきであろう。

事実、1991年、絶滅の惧《おそ》れの高い動植物のリストであるレッドデータブックでは「絶滅危惧種」に分類され、1994年には「種の保存法」によって「国内希少野生動植物種」に指定され、1998年の新レッドリストではついに「絶滅の惧《おそ》れが最も高い絶滅危惧1A類」に分類されるという経過をたどっているのである。

確かにわずか100頭前後という個体数は「種」を維持していくのにはこれ以上減らしてはならず、なんらかの措置を施して個体数の増加を図らなければならないであろう。このことが、今回の国際ワークショップの開催につながったのである。

国際自然保護連合（IUCN）は地球の自然を守るため世界の147か国が参加する国際組織だが、この中に種の保存委員会（SSC）があり、種の保全のために地球規模で活動を続けている。今回、このワークショップに参加したのは、種の保存委員会に属する飼育下繁殖専門家集団（CBSG）の技術者5名である。

野生の個体数が100頭前後という数字がきわめて危機的状況にあることは明らかで、これを保護するために種々の保護施策を取ることは当然であるが、もう1つ、野生状態のヤマネコを保護すると同時に、飼育下でヤマネコを増やし、これを野生に戻すという『再導入』という手法があっても良いのではないか。生息地内の保護と生息地外の保護増殖が車の両輪のように働いてこそヤマネコたちを絶滅の危機から救い出すことが可能となる、という考え方だ。

このような両面作戦はすでに多くの種で成功を収めており、日本ではつい最近、飼育下で繁殖した「コウノトリ」が野生に放たれて話題になり、「トキ」もこれに続くことが予想されている。

幸いなことに、ツシマヤマネコについては、福岡市動物園が既にこの飼育下繁殖事業を環境省の認可のもと1996年から開始しており、顕著な成績を収めているという事実がある。小型ヤマネコ類の継続的な繁殖は難しいというのが常識だが、福岡市動物園では繁殖専用のヤマネコ棟を建設し、観客とは遮断《しゃだん》したエリアで独自の飼育繁殖研究を続けたのである。

結果として2000年に最初の繁殖（メス）に成功して以来、次々に繁殖が見られ、現在までの繁殖総数は28頭に達し、内11頭が種々の理由で死亡しているが17頭が健在、その飼育マニュアルを完成させるほどに飼育経験の蓄積は大きい。

問題は生息地の野生保護と飼育下繁殖の成果をどのように組み合わせ種としての存続を可能にするか、である。


国際自然保護連合の専門家集団が選んだ方法は、従来個々に進められていた野生ヤマネコの生態研究グループ、飼育下繁殖チーム、感染症研究チーム、地域市民との協同チームの成果をこの機会に集約し、その結論を市民全体を巻き込んだ市民フォーラムで報告、理解を得るという壮大な計画であった。

会議は朝8時半から夜9時にいたるというハードなものであったが、海外専門家・国内専門家・行政・市民を網羅した参加者たちは、島始まって以来という濃密な作業でこれに臨んだ。

そして最後は、対馬の高校生たちによる呼びかけメッセージ「このワークショップをスタートにしてツシマヤマネコをはじめとする対馬の自然と共に生きる、活気溢《あふ》れる対馬の未来を一緒に創っていきましょう！」が締めくくった。

年初めにふさわしい未来につながる濃密な時間を過ごした4日間であった。（2006・2）

犀の悲劇

最近、アフリカ南部の草原を角《つの》のないサイが歩き回っているという。サイ同士の戦いで折れたのではない。密猟者に切り取られたのでもない。

政府の野生動物保護官が切り落としたのである。それも1頭や2頭ではない。

はじめはナムビア国立公園の16頭のサイが角なしになったが、その後、近くのジンバブェにも同じようなサイが現れた。ナムビアの環境庁が積極的にこの方針を打ち出し、ワンゲ国立公園に生息するサイの大がかりな角切り作戦を行なったからだ。

すでに角を切られたサイは130頭にのぼり、これは同公園に生息するサイの8割にあたるという。この方針が続けば、この地域のサイはすべて角をもたないことになるかもしれない。

なぜこんなことをするのであろうか？

情報によれば、これは究極の密猟防止策なのである。サイの密猟の目的は漢方薬として高価に取引される犀角（サイの角）なのだから、事前に角を切り取ってしまえば、密猟はなくなるはずというのがその理由である。

確かに一理はある。この20年間で世界のサイの85パーセントが、アジア・アフリカの両大陸で密猟者の犠牲になっており、その目的はいずれもサイの角なのだ。

この状況が続けば今世紀末までに世界中のサイは絶滅をまぬがれないだろうと推測されているのである。サイはアフリカに2種、アジアに3種が知られているが、その5種を全部合せても11，000頭しかおらず、しかも大人になるのに数年を要することを思えば、その数がいかに危機的なものかがわかる。

今までも、密猟者は厳しく罰せられてきたのだがいっこうにその数は減らない。

犀角が高価に売れるからだ。1本の犀角を売れば、現地では2年間の生活ができるというのだから無理はない。台湾は犀角の大きな取引国だが、ここでの値段はアジア産の犀角で卸値《おろしね》2万ドル、末端価格は6万ドル（いずれも1キロ当たり）というのだからすごい。

アフリカ産の犀角は、どういうわけかこの値段の10分の1ぐらいの取引価格になると言われるが、それでも高価であることに変わりはないであろう。漢方薬だけではない。

アラビア半島のイエメンでは、短剣の「つか」にサイの角を使う習慣があるようだ。この国では伝統的に男性が短剣を身につけているが、このつかに犀角が珍重される。

昔は、犀角が高価なため、1部の金持ちだけが使っていたが、1970年代の始め、石油成金が増えて犀角の需要が急速に伸びたのである。

このためケニア、ウガンダ、タンザニアのクロサイの90パーセントが密猟の犠牲になったと言われるのである。

さすがに、最近ではイエメンもサイの角の輸入を禁止する措置を採っているが、ひとたび殺されたサイは戻ってこない。漢方薬としての犀角についても、このところ消費を抑制する施策が次々に採られている。

これまで犀角の取引国であった日本、香港、マレーシア、マカオ、アラブ首長国連邦なども市場が縮小、または廃止されつつある。

ただ、昔からの犀角消費国である中国、韓国、タイなどでは依然として流通が続いているようである。

これほど高価に取引される犀角は、漢方薬としては何に使われるのであろうか。効能書きを調べてみると、カゼ薬、解熱剤、頭痛薬、マラリヤの治療薬などとなっており、特殊な効能があるわけではない。

むしろ、アジアではサイを霊獣と見る風習があり、その象徴的存在の角には神秘的な力が佰っているという半ば信仰に近いものがあるのかもしれない。

それにしても、そのために世界中のサイという動物が絶滅してしまうというのはいかにもつじつまが合わない。サイそのものがいなくなってしまっては元も子もないからである。

人間の知恵はこんなときこそ発揮されるべきであろう。若干の救いは、このところ密猟の勢いがやや下火になってきたことである。

サイの絶対数が少なくなったこともあるが、1987年、ワシントン条約で取り引きが禁止され、それがやっと浸透《しんとう》してきたことも効果を現してきたのかもしれない。

また、薬や短剣のつかに使用される犀角にもようやく代替品が用いられ始めていることも好材料ということができよう。

それにしても、世界に敵のいないこの草原の巨獣をヒトの都合だけで絶滅へと追いこんでしまう人間の貪欲《どんよく》さがこわい。

先だって、ジンバブェで密猟防止のために角を切り取られたサイの写真を見た。ノコギリ目のザラザラとした切り口を見せながら、ひらべったい角のあとに木を押しつけているサイは哀《あわ》れであった。

サイはやはり角があってこその動物だ。角のないサイは、まるで草原に迷い出たカバのように道化《どうけ》じみている。

生態学的に見ても、角を失ったサイがどのようにして身を守るのか、あるいはどのようにして子を守るのか、不明な点が多い。社会的な生活の上でも問題があろう。

今、ジンバブェでは、角を切ったサイの追跡調査をしているというが、調査結果が出る前に悲劇的な結果にならないことを祈るばかりである。角を切られたサイの瞳《ひとみ》が、何か悲しそうに見えてならなかった。

（1992・6）

Animals

カバの悲劇

・カバの親子

今年も3月10日がくる。

戦後60年の3月10日だ。この日がどんな特別な日なのか、ほとんどの人はすぐには理解できないかもしれない。それほど、すべての日本国民が巻き込まれた戦争の記憶は遠くなっているのだ。

実は太平洋戦争の末期、60年前の3月、9日から10日にかけて首都・東京は空軍による従来にない大規模な絨毯《じゅうたん》爆撃を受け、わずか数時間にして焦土《しょうど》と化してしまったのである。

この攻撃では7万7千余の死亡者を出し、負傷者は数え切れず、焼失した家屋は実に27万余棟にのぼったと記録されているのだ。

今のきらびやかに繁栄する東京の中から誰がそれを想像できるであろうか。わずかに、この戦火で亡くなった人々を祭る慰霊堂が墨田区横網にあり、3月10日の「記念日」に戦災遭難者を慰霊する行事が行なわれ、その名残をとどめているにすぎない。

この戦災の被害者はもちろん人間だけのことではなく、当時、上野動物園に飼育されていた多くの動物たちもその惨禍をじかに受けているのである。終戦より2年前の昭和18年には、来るべき大規模空襲を予想して、「動物園非常措置要綱」が策定され、空襲時に危険視される動物のリストがつくられて、次々と処分されていたのである。

その数は、総計で14種27頭に及び、その中には人気者だった3頭のゾウも含まれ、これは児童文学作家・土家由岐雄氏の著作『かわいそうなぞう』（金の星社・1970年）によって広く知られるところとなっている。しかも、この悲劇は首都・東京にとどまらず、日本全国少なくとも9つの動物園で引き起こされ（大阪市天王寺動物園、京都市記念動物園、神戸市諏訪山動物園、名古屋市東山動物園、仙台市動物園、熊本市水前寺動物園、到津遊園）、総計122頭にのぼる動物たちが犠牲になっているのである（京都動物園・小島一介氏調べ）。

しかし、悲劇はそれにとどまらない。3月10日という日をはさんでもう1つの動物園の悲劇があったことも忘れてはならないであろう。

それは、2頭のカバの悲話だ。

温和な性格のゆえに巨獣ながら昭和18年の猛獣処分命令を免《まぬが》れた2頭のカバにも苛酷《かこく》な運命が待ち構えていたのである。それは餌《えさ》の供給が途絶えるという非常事態であった。3月9日から10日の大空襲によって動物たちの飼料の供給はほとんどなくなってしまったのだ。

頼みの綱だった台所の残飯さえ入荷しなくなってしまったのである。この状況の中で、1日1頭当たりモヤシ11・3kg、家畜配合飼料11・3kg、キャベツ3・7kg、乾草11・3kgを必要とする大食漢のカバの飼育は、もはや当時の動物園の餌調達能力の限界を超えてしまったのである。

飼育係たちは、せっかく生き残ったカバを再び苛酷な絶食という手段で死に追いやる道を選ばなければならなかったのだ。記録によると、昭和20年3月19日から絶食に入り、まずオスカバが13日目の4月1日に死亡し、メスカバは絶食を始めてから36日目の4月24日に死亡が確認されている。ただ、これらの経緯についての公的な詳細記録は残されておらず、この悲劇を目《ま》の当たりにした飼育係たちは戦後になっても多くを語ろうとはしなかったのである。

『上野動物園百年史』によると、この2頭のカバは母子であり、母カバは日本名「京子」、韓国・京城李王家動物園より贈呈されたもの、オスは京子が出産した3番目の子どもで「マル」と命名されていた。前に生まれた子カバ2頭が、いずれも死産や数日間の短命であったので、マルにかける飼育係たちの期待は大きかったようで、この絶食死は余計にやりきれない思いであったにちがいない。

カバたちのこの悲話は、長らく飼育係の胸のうちにしまいこまれていたが、昭和63年、平和を希求する作家・早乙女勝元氏の著作『さようならカバくん』（金の星社・1988年）によって現代に甦《よみがえ》っている。

氏は、上野動物園に何度も足を運び、事実を丹念に拾い集め、詳細な記録を取り、東京大空襲の自らの体験と重ね合わせながら、戦争という人間の所業がなんの関わりもない動物に言いようのない惨禍《さんか》を及ぼしていることを見事に描いたのである。

それは、同じ題名でアニメ映画化され（大沢豊監督・こぶしプロダクション）、大きな反響を呼んだ。蛇足ながら、この映画には冒頭に実写の部分があり、当時、上野動物園長であった私も早乙女さんと共に出演している。

先日、早乙女さんが館長を務めている戦災資料センター（江東区・北砂）を訪問する機会があった。ここには、風化させてはならない記憶が資料として丹念に保存されており、館長の思いが滲《にじ》んでいるようであった。（２００５・３

映画『ドール犬の日々』

・ドール（写真提供：東京動物園協会）

師走の上野動物園は賑《にぎ》わっていた。

朝から良い天気に恵まれ、気温も比較的暖たかいという好条件もあるのだろうが、もう1つそれだけではない活気のようなものが横溢《おういつ》している。

どうやら、それは昨年来話題になっている「クマの人工冬眠」の余波がまだ続いているためと言ってよいであろう。２００６年12月の「日本初のクマの人工冬眠入り」と２００７年4月の「人工冬眠のクマお目覚め」という記事は新聞各紙を始め多くのメディアを賑わしたし、とくにお目覚め記事は新聞トップ記事になるという快挙だったのだ。

動物園がトップ記事になるのは、多くの場合、珍獣の初来日や初出産の場合が多く、今回のように「冬眠を見せる」という展示手法に注目が集まったのは珍しく、それだけ小宮園長始めスタッフには人知れぬ苦労があったにちがいない。

そんな思いを胸に抱きながら、私の足はパンダ舎を過ぎゾウ舎脇の急坂を下って突き当たりにある「ドール舎」へ向かった。燦々《さんさん》と降り注ぐ師走の陽光の中、ドールたちは特有の走法で、前面プールの沿道を軽やかに往来していた。

これが最近、私が上野動物園を訪問するときのお定まりのコースなのである。一般には必ずしも人気コーナーというわけでもない「ドール舎」を決まって訪れるのは、どうやらパンダとドールがセットになって記憶にインプットされているからであろう。1972年、パンダ初来日が決まり、この動物の調査研究に明け暮れていた頃、パンダの天敵としてヒョウと共にしばしば登場したのがドールだったのである。中国の文献では「紅狼」という名で記載され、その獰猛《どうもう》ぶりがパンダ減少の一因と紹介されていたのだ。

しかし、調査を進めているうちに、ドールがパンダを襲ったという明らかな事例に乏しいことや、この動物の家族愛の強さなどがよくわかり、むしろ愛すべき動物として関心をもつようになったのである。それに、今日、12月1日のドール訪問には、それ以上に嬉《うれ》しいことがあり、いつも以上にエールを送りたくなったのである。

実はこの日、(財)日本動物愛護協会の「07賛助会員の集い」が(財)東京動物園協会との共催事業として動物園ホールで開催され、しかも、そのメーンイベントとして世界自然・野生生物映画祭の第8回(07年)の大賞作品『ドール犬の日々・Wild Dog Diaries』が上映されることになっていたのだ。

毎年、富山県で開催されるこの映画祭は内容の多彩さとユニークさで知られるが、ドールのような地味な動物の記録に人賞が与えられるのもその表れと言ってよいであろう。それもそのはず、審査委員長を第1回から務められておられるのが、数多くの優《すぐ》れた動物記録映画の作者としても著名な羽仁進監督なのだ。

そんなことを知ってか知らずか、上野動物園のドールたちは休まず走っている。それも一定のペースを守って自らがつくった長楕円形のコースをひたむきに走る。

体長約1m、体重15kgというから中型犬程度であろうか。とくに外見上獰猛と言われるようなイメージはないけれど、狩りでは決して諦《あきら》めない追跡型で、しかも、家族中心のグループによる集団狩猟・チームハンティングの威力は大きく、トラでさえ争いを避けると言われる。また、家族の絆《きずな》の強さの秘密の1つは、集団による育児が関わっているとも言われるが、巣穴に残った母と子どもたちのために、狩りから戻ったメンバーが吐いて給餌《きゅうじ》する習性はその根幹をなすものであろう。

こうして、赤褐色の精悍動物の動きを見ていると、いつのまにか森林を縦横に駆け巡る野生のドールたちの姿が鮮やかにイメージされ、大賞受賞作品への期待が一段と膨《ふく》らむ。

「そうです。この映画の素晴しさは、もちろん映像の美しさもありますが、何よりも、これまで誰も撮れなかったドールの生態を見事にとらえていること、そしてそれを可能にしたのが取材スタッフと現地の住民との相互理解だということです……」

なんと、この特別映写会に、いつのまにか審査委員長の羽仁進監督が参加され、映画の解説を買って出てくださっていたのである。

「それに、たった1シーン、しかも木の間隠れの映像しかないのに、トラがこの森の頂点にいることを示した場面は素晴しかったし、何よりも、この映画全体を通して、生き物はすべてつながっていることを訴えている点で傑出したものではないでしょうか…」

私たちは、監督の言葉に深くうなずき、改めてドールという動物を通し、自然との共生を語る映像の真の意味を知ったのである。

帰途、夜のとばりに沈む不忍池畔を通ると、枯れ蓮の根元に憩《いこ》う遠来の鴨《かも》たちの忍び音がひそやかに流れていた。

（2008・1）

「生ける文化財」とCOP10

・左より秋篠宮両殿下、山本正好前店長、小宮輝之園長
上野松坂屋で開催された「生ける文化財展―日本人とともに生きた家畜たち」展覧会場にて（写真提供：上野松坂屋）

２０１０年、今年は「生物多様性」という言葉が１つのキーワードになりそうだ。

国連が定めた「国際生物多様性年」が、まさに今年だし、何よりもこの10月には愛知・名古屋で生物多様性条約第10回締約国会議（ＣＯＰ10）が開催されるのである。

会議の目的は２００２年のＣＯＰ６（オランダ・ハーグ）で採択された「締約国は現在の生物多様性の損失速度を２０１０年までに顕著に減少させる」という目標に対する検証であり、これからの戦略を考える重要な会議だ。

世界人口の半数以上が都市に住むという環境の中で、ヒトと自然とのつながり、ほかの生物たちとの深い関わりの中でしか生きられないという事実を実感することは難しい。しかし、その生物的な原則を無視し、人間だけの豊かさを追い求めた経済活動等のあおりで、多くの生物種が失われ、つながりあって生きるという生態系が危機に瀕《ひん》していることも、残念ながら紛れもない事実だ。

生物多様性を守ることは、ヒト自身をも守ことなのだ、ということを自覚しなければならないのである。その意味では、ＣＯＰ10の中で、

「里山イニシャティブ」が重要な課題の1つになっていることは注目に値しよう。ヒトが自然に深く関わったことで、逆に生物多様性を発展させた稀有《けう》の例としてその事実は知られ、SATOYAMAは世界語になりつつあるのだ。そこには、自然を活かし、自然と共に生きるヒトとしての知恵が凝縮され、自然の摂理《せつり》と人間の文化が調和を保っているからである。今、そのSATOYAMAが危機的状況にあり、これを再生しようという今回の取り組みは、きわめて今日的課題なのだ。

そのような折もおり、昨年秋、ここ、松坂屋上野店で開催された日本在来家畜・家禽展「生ける文化財展――日本人とともに生きた家畜たち」は、里山イニシャティブの先駆けとしてまことにタイムリーな企画であったといえよう。

里山が人と自然が調和を保ちながら影響し合い、双方に新たな恵みをもたらした「文化的自然」とするならば、日本人の豊かな感性のもとで磨かれ、長い時間をかけて丹念につくり上げられた日本の在来家畜種たちはまさに「生ける文化財」にほかならないからである。

世界遺産条約では、その対象を文化遺産、自然遺産、そしてその両方の価値を兼ね備えたものを複合遺産と呼んでいるが、生ける文化財たちは、ある意味で複合遺産的価値をもつものとして考えてもよいのではあるまいか。

今回の企画展を見ながら、この展示思想はCOP10の先駆け的意味をもつのではないか、と心中秘《ひそ》かに思ったのはそのためである。生きた里山の構成要素として丹念につくり上げられてきた日本の在来家畜たちは、即物的な経済の産物とはちがいそこに暮らす土地の人々との深く長い交流を通して生まれてきた家畜・家禽にほかならないからである。今回の企画展は、鶏《にわとり》をはじめとする在来家畜に深い理解と独特の生き物観をもたれ、研究者としても優れた業績を残されておられる秋篠宮殿下と、動物園にありながら、やはり、日本の在来家畜の存在に大きな意義を認めておられる小宮輝之・上野動物園長の共著『日本の家畜・家禽』（学習研究社・2009年）の出版が契機になったと聞き及ぶ。

まさに時と人を得た企画展と言うことができよう。また、会場になったのが松坂屋上野店南館特設会場というのもユニークと言ってよいであろう。デパートに人気動物や芸達者な動物たちが登場することはあっても、今回のように対象が地味な家畜であり、しかも写真パネルや剝《はく》製《せい》が中心の展示とあっては、逡巡《しゅんじゅん》するのがふつうだからである。しかし小宮園長の話によれば、山本正好前上野店長は、その文化的意義に大いに共感され、快く会場提供を引き受けてくれたのだそうだ。

また、考えようによっては、今回の、このような地域に根ざした施設のコラボレーションこそ生涯学習社会における商店街と学習施設、研究施設との相互連携の理想的な展開の姿とも言えよう。期間中、小宮園長の易しい解説あり、子ども動物園の出張開店もあったが、難しいCOP10の重要さもさることながら、人はまた、楽しみの中でこそより多くのものを学ぶものだからである。企画展が終わってほどなく秋篠宮さまのお誕生日記念会見の記事を拝見した。殿下は、その中でも、今回の企画展のことにふれられ、「絶滅の危機にさらされる有名な動物たちの陰で、同じように保護の手を差し伸べなければならない在来家畜の存在があることを忘れてはならない」とお述べになっておられた。

いよいよ、10月にはCOP10が始まる。世界の枠組みも大切だけれど、それは身近な生き物たちへの心配りから始まるのであろう。

（2010・2）

「動物大賞」の風

・初孫とシャムネコ

6月7日、青嵐《せいらん》の形容にふさわしい薫風《くんぷう》の午後、東京・南青山の島根イン・パインコートで、さわやかな表彰式が執《と》り行なわれた。

その名も「日本動物大賞」、人と動物の相互理解・共生に貢献した人と動物の両方を顕彰しようというユニークな表彰式である。これは私が所属する財団法人日本動物愛護協会が、創立60周年を記念して2009年に創設した新しい賞で、本年が第2回目となる。

第1回目の動物大賞・グランプリに輝いたのは、本誌でも紹介した（2009年4月号）上野動物園の冬眠グマ「クー」であった。動物自身が大賞に選考されたことの意外性で話題になったが、それは、そのまま、この賞のユニークさを図らずも証明するところとなった。日本のクマたちが冬眠するという当たり前のことを当たり前に展示して見せたという動物園側の意図と工夫もさることながら、それに見事に応え、翌春、眠りから覚め、生態の不思議を万人に知らしめたことが評価されたのである。

審査委員長を務めた映画監督の羽仁進さんの講評によれば「クーは、冬眠という人にとって未知の世界を見せ、クマの生態理解に貢献したのみならず、人類が直面している地球問題に対する新たな視点を切り拓いた…」となる。

確かに、動物展示や動物評価に、このような視点は従来なかったものであろう。そして、共生が最重要課題の今、人類に求められている動物や植物、自然への新たな見方・感じ方は、人間中心から相手側に視座を移してみるということであろう。

その意味で言うと、今回の受賞者は、第1回のクマの「クー」ほどには意外性はないけれど、その内容には、人と動物の共生を掘り下げ、再考させる上で大きな示唆を含んでいると言えよう。

本年度の動物大賞・グランプリは、例外的に2つの候補のダブル受賞となった。それだけ、羽仁進委員長としても両者とも序列をつけかねる内容であったということであろう。

グランプリの1つは、沖縄県の「NPO法人動物たちの病院」（理事長・長嶺隆）が受賞した。1981年に、わが国で初めて発見された沖縄本島に固有な鳥、ヤンバルクイナ（クイナ科・山原水鶏）の保護増殖に貢献したというのが直接の受賞理由だ。だが、審査委員長がとくに注目したのは、その実績の背景として浮かび上がってきた獣医師たちと地元住民との間に築き上げられてきた深い信頼関係のユニークさだ。発見以来、まだ30年しか経っていないのに、今や絶滅の危機に瀕《ひん》しているという事実を知り、地元獣医師たちは、2002年に「ヤンバルクイナを守る獣医師の会」という獣医師のボランティア団体を立ち上げる。

危機を招いた理由の1つが、野良猫や野良犬による食害だ、という事実にショックを受けたのだ。それというのも、この可憐《かれん》で美しい沖縄独特のクイナは、このヤンバル（山原）の森に長く棲《す》み、従来、肉食の動物が生息しない環境の中で、飛翔力をなくし、地上性の鳥として安全に生活していたのである。しかし、人間が飼う犬や猫がヤンバルに捨てられ、野良犬、野良猫と化し、無防備のクイナたちを襲い始めて事情は一変する。

有史以来、天敵のいない天国のような環境が、犬、猫によって荒らされ、しかも、人間がハブ（毒蛇）退治と称して導入したマングースもまた、クイナたちを追い詰めていたのだ。

獣医師のボランティア集団は、ヤンバルの住民たちや地元行政と協力し、飼育犬猫の完全登録制、捨て犬捨て猫の防止活動を地道にしかも着実に実行する。ほかの自治体に先駆けて地元の町が独自の「飼い猫条例」を創って猫の登録制を採用し、固体識別用のマイクロチップ装着を義務付けたのもその現れの1つだ。8年ほど前、私もこの地を訪問したが、国道沿いに子どもたち手書きの「犬猫を捨てないで」看板が視野に飛び込んできたのを鮮烈に記憶している。

今、これらの活動は、野良犬、野良猫の激減という成果につながり、2005年、NPO法人となった獣医ボランティア集団は、地元の住民との共同作業の中で、飼育下人工増殖にも取り組み、環境省の「ヤンバルクイナ飼育下繁殖等事業」の担い手として大きな展開が期待されている。

もう1つのグランプリは「熊本市動物愛護推進協議会」に授与された。これもまた、捨て犬捨て猫の処分数を劇的に減少させた功績が認められたものだが、これも前掲受賞者同様、地元獣医師グループ、動物取り扱い業者、地元住民、行政が一体になって取り組んだ成果だ。

「共生は、人も動物も、お互いが、その存在を認め合い、理解し合うところからしか始まらない…」（羽仁進審査委員長）。

街路樹を抜ける薫風が一段とさわやかであった。

（2010・7）

Animals

食文化のこころ

この夏、久しぶりで映画を見た。

ザ・コーヴ（The cove）、第82回アカデミー賞・長編ドキュメンタリー賞を受賞した話題の映画だ。内容は既に本誌「佐藤忠男・シネマ

・「ザ・コーヴ」上映館の前に集まった観客と取材陣

館」（5月号）で紹介されているが、和歌山県太地町で行なわれているイルカの追い込漁を批判的に描いたもので、日本公開ではいささか物議を醸《かも》した作品である。

もちろん、アカデミー賞をとり、そのほかにも第15回放送映画批評家協会賞ドキュメンタリー賞など、公称25冠を得ているというのだから、その映画としての完成度は高いのであろうが、わが国での公開に当たっては、地元、太地町で抗議の声が上がり、また、各種市民団体に賛否両論が巻き起こって、上映が危ぶまれる事態になったのだ。

事実、6月26日から東京都内の2か所の映画館で予定されていた上映は、賛成・反対の抗議が殺到したため取りやめになり、また、地方の映画館でも同様の理由で上映を中止する館が相次いだのである。

しかし、どんな理由があるにせよ、その作品を

見る自由を市民から暴力的に奪うことは許されない、とする常識が通り、7月3日の公開となった。

私は、当日、いささか緊張して渋谷の上映館「イメージフォーラム」に出かけた。抗議街宣が予定されており、小競《こぜ》り合いが予想されていたからである。そんな最中に出かけたのには理由がある。実は、かつて、茨城県自然博物館の館長をしていた頃、企画展で「鯨《くじら》」を取り上げ、同地の博物館には大変お世話になり、土地の人々の鯨に対する並々ならぬ思い入れを知っているだけに、それが、外国の制作者たちによってどのようにとらえられているのか、どうしても見ておきたかったからである。

予想通り、映画館の前は騒然としていた。つい今しがたまで、上映を妨害する街宣車と関係者の間で小競り合いがあったらしく、警官が警戒に当たり、入場を待つ人の群れができ、それを取材しようとする海外取材チームなどが入り乱れている。こんなにも外人取材者が多いのも、このドキュメンタリー映画の特徴かもしれない。

なかには「恥ずべきは上映妨害です」という手製のプラカードを掲げて、とにかく上映を確保し、主張はそれから、という知性派らしい無言の日本人もいて、この映画の多面性が見て取れる。

チケット売り場に行くと予約制で、第1回上映分はすでに完売しているという。やむを得ず第2回目を入手したが、これも満席で、今回も入りきれなかった人が出たようだ。最近のドキュメンタリー映画で、これほど国際的な話題になったものは少ないであろう。

映画は、そのクライマックスとなるイルカの追い込み漁で、The cove（入り江）に追い込まれたイルカたちが次々に捕らえられ、また、入り江を真っ赤に血で染めながら事切れていく様を丹念に描く。しかも、太地町では、この場面は部外者には秘密にしているので、撮影のためにはまるでゲリラ戦まがいの器具や方法を用い、作戦を立て、まんまと撮影に成功し、事態を暴《あば》くことに成功するという筋書きなのである。

そもそも、この映画は、イルカを主人公にしたかつての超人気番組『腕白フリッパー』（アメリカ）の調教士であったリチャード・オリバーが、当時の苛酷《かこく》なイルカへの仕打ちを反省し、徹頭徹尾イルカの側に立って事を進めるというのがバックボーンにあるので、言うならば昔ながらの勧善懲悪のシナリオと言うべきであろう。

そして、太地町の人々は心ならずも終始悪役を務めさせられているのである。しかし、考えてみると太地町の人々は日本の捕鯨発祥の地として700年の歴史をもち、寄り鯨として流れ着く鯨を主に利用することから、徐々に捕鯨の術を発展させ、余すところなく利用しながら現代にいたっているのだ。しかも、この漁には、経済効率一辺倒の捕鯨とは異なり、同じ哺乳類の鯨を獲《と》ることへの深い悲しみを心の底にもちながらの作業なのだ。

それでなければ、全国で50か所に及ぶという鯨墓の存在を説明できず、過去帖に鯨の戒名を記し、位牌までつくることは理解できないであろう。また、今にいたるまでの鯨のために祈る法要が鯨法会《くじらほうえ》、鯨回向《くじらえこう》として行なわれていることも、人と動物を峻別する欧米の人々には理解が難しいかもしれない。

その国の食文化というものは、たんなる食物の特異性や調理法にあるのではなく、それを取り巻く人と動物の心の交流をも含めねばならないからである。日本人の心の中には、今なお鯨たちと共感できる何かをもっているのだと思う。

映画を見終わって外に出ると、突然のように童謡詩人・金子みすゞの詩『鯨法会』が心の中に響きわたった。

（2010・10）

福島の被災動物たち

・夕方遅くシェルターに運び込まれる保護動物たち

新緑の5月末、福島に入った。

あの未曾有《みぞう》の大震災から2か月半、大地震と巨大津波はかつてない爪あとを残しながらも、それなりの段階を踏み出し始めているのに、ここ福島は依然として先が見えない苦境にある。

天災と共に起こった福島原発の放射能禍回復の見通しがいまだに明らかでないのだ。それは目に見えず、匂わず、音に聞こえず、生き物の感覚ではとらえることのできない新しい災いだけに、本能的な畏怖《いふ》が忍び寄るのである。

「私たちも戸惑っています。この災害はいつ終わるのか、どこまで広がるのか。動物たちも本当にかわいそうですよ…」

福島県の関係者は、声を潜《ひそ》めるように言った。放射能被害は、住民だけでなく、一緒に暮らしていたペットたちも家畜も一様に襲っていたのである。

事は、大震災発生の翌日に起こった。

東日本大震災が3月11日、そして翌3月12日18時25分には、付近住民に対し、異例の原発事故による避難指示が内閣総理大臣から発せられたのである。

原子力災害対策特別措置法第15条第3項に基づく指示が福島県知事、大熊町長、双葉町長、富岡町長、浪江町長宛てに「東京電力㈱福島第一原子力発電所から半径20キロメートル圏内の住民は、避難すること。云々」。

まさに、天災に続く人災の発生であり、原発の安全神話が崩れ去った瞬間でもあった。しかも、被害は人間だけではない。動物たちもまた生き物である限り、この災害から免《まぬが》れることはできない。

私たち動物愛護団体で構成する緊急災害時動物救援本部も直ちに呼応し、3月11日には調査を開始、避難命令が出た翌々日の3月14日には募金活動を開始したのである。

この組織は、私が理事長を務める財団法人日本動物愛護協会に事務局があり、ほかの構成団体は（公社）日本動物福祉協会、（公社）日本愛玩動物協会、（社）日本獣医師会で、いずれも環境省所管の団体だ。

この本部は、もともと阪神淡路大震災を契機として結成された緊急災害時の被災動物たちを救護するための常設組織だ。これまでにも三宅島噴火災害、有珠山《うすざん》噴火災害、新潟県大震災などにそれぞれ機能してきた経過がある。被害を受けた現地の行政機関が対応可能になるまで、いち早くペットフードの供給、臨時動物保護施設の設置、活動資金の供給などの手を打ってきたのである。

しかし、今度ばかりは勝手がちがった。その災害の甚大性、広域性もさることながら、放射能禍というかつてない災害が加わったため、新たな対応が求められたからである。

災害時のペット同行避難は、最近の緊急避難の常識になりつつあるけれど、原子力災害対策特別措置法に基づく避難命令は、その暇さえ住民から奪ってしまうばかりか、残されたペットや家畜を救護するための立ち入りさえ制限するのだ。

しかも、4月21日には半径20km以上30km圏内の住民の屋内避難などが公示され、20㎞圏内は警戒区域として立ち入り禁止の指示が出て、不安は一層住民の生活を脅《おびや》かすこととなった。ゆえ知れぬ不安に苛《さいな》まれるとき、人々は心を許すペットたちに慰安を求め、生き物同士としての心の通じ合いが生きる力を育むのに、放射能禍はそれさえも阻《はば》んでしまったのである。

住民たちが、やっとペットや家畜に再会することが許されたのは、5月10日以降、厳重な放射能禍防護の手段を講じた上での「一時立ち入り」の機会をとらえてのことであった。

しかし、一時帰宅は、放射能禍を考えてわずか2時間、必要最小限の家財持ち出し、ペットの救出は環境省と福島県が専門家（獣医、捕獲員）を擁《よう》して代行するというものであった。

環境省の要請を受けて、東京都や近隣の自治体が応援に乗り出し、東京都動物愛護センターでは5月21〜24日に獣医2名技能4名を派遣、2日にわたった活動でネコ15匹、イヌ5頭を保護収容したという。

緊急災害時動物救援本部もこの救出作戦に参加、環境省の要請を受けて福島動物救出特別編成チーム（福島タスクフォース）を組織した。

獣医師の資格をもつ特別隊員が域内動物保護に参加、ほかのチームメンバーは、救護されたペットたちの放射能除染などのケア、臨時収容所の管理運営などの支援に当たっている。

5月27日、南相馬市・馬事公苑に設けられている域内から救出された動物たちの放射能測定、身体検査などの現場に立ち会い、臨時収容施設を訪問した。

中に入ると、ケージの中の数十頭の動物たちが互いに呼応するように鳴く。

闇に吸い込まれていく鳴き声を聞きながら、放射能禍の闇を垣間《かいま》見るようであった。

（2011・7）

最後の1頭と70億人

・絶滅が心配される類人猿・チンパンジー（福岡動物園にて）

この10月末、1つの悲しいニュースがあった。

WWF（世界自然保護基金）の発表によると、ベトナムの熱帯森林帯にわずかに生息し、厳重な保護下にあった最後の1頭が密猟によって死亡し、これでベトナムのジャワサイはついに絶滅したというニュースだ。

ベトナムのジャワサイは、一時期、絶滅をささやかれながら、その後、少数の生存が確認され、国を挙げての保護運動を展開していると聞き及んでいただけにまことに残念な報告であった。

しかも、最後の1頭の死因が、密猟者の銃弾によって倒れ、薬の材料（犀角《さいかく》）となる角《つの》が無残に切り取られている状態で発見されたという報道は、余計にいたたまれない哀しさを伴う。

かつて、インドシナ半島、スマトラ半島、ジャワ島の熱帯林に生息し、豊かな自然を謳歌《おうか》していた巨獣は、これで世界にただ1か所、ジャワ島のウジュンクーロン国立公園を残すのみになってしまった。しかも、その最後の聖地に生き残っている数もわずかに50～60頭という絶滅寸前の状況にあるという。

これは、たんにジャワサイの悲話にとどまらない。目を転ずれば、この地球上にあらゆるところで、同じような悲劇はとめどなく起こっているのだ。2010年にIUCN（国際自然保護連合）が発表した「最も絶滅の恐れが高い」というカテゴリーに分類された哺乳動物は1、131種、鳥類では1、240種に達するという。

私たち人類に最も近縁な類人猿たちも例外ではない。アフリカ中部の多雨林に棲《す》む体重200kgを超えるという地上最大の類人猿・マウンテンゴリラは、今や確認された総数はわずかに647頭、風前の灯と言われているし、やや多い個体数が確認されているローランドゴリラでさえ、その個体数は3、000〜5、000頭（1980年）にとどまり、しかも今なお密猟の脅威に晒《さら》されているというのである。

私たちに最もなじみ深いチンパンジーも、1960年には約100万頭いたが、今やせいぜい20万頭まで激減しているという（ジェーン・グドール）。アジアの類人猿・オランウータンの個体数も、100年前に比べると92パーセントも減少、今や、その数はボルネオオランウータン45、000〜69、000頭、スマトラオランウータン7、300頭にまで激減しているのだ（WWF）。

しかも、その主原因は人間による急速な開発による生息地破壊、医薬の原料や野獣の肉（ブッシュミート）を求めての密猟だというのだからやりきれない。もちろん、このような現況を憂《うれ》える人も多く、公的、民間的な保護活動も含め、地球規模での活動の大きなうねりも起こっているのだが、野生動物たちの苦難は容易に解消されない。

そんな中で、象徴的な出来事があった。

ベトナムのジャワサイが絶滅してからちょうど1週間、この10月31日、国連事務局は、世界の人口が70億人に達したことを宣言、国連事務局長とスタッフがカウントダウンしているにこやかな映像を世界に流したのである。さらに、国連事務局はこの日に誕生したすべての赤ちゃんを70億人目の赤ちゃんと呼ぶことにし、世界中の記念すべき赤ちゃんたちの笑顔が電波を通して地球を駆け巡《めぐ》った。

せちがらい現代の社会の中で、安らぎと希望の象徴のような赤ちゃんたちの笑顔が、掛け値なしに人々をほっとする気分にさせ、一時的にせよ世界中を幸福感に包んでくれたことは事実だ。

その限りにおいて、これを慶事としてとらえることにもちろん異論はない。ただ、この慶事の陰に前述のジャワサイや野生類人猿たちの苦境、それにつながる多くの野生動物たち、そして、それらを育む自然環境にも等しく目を向けてほしいと思う。

卑近な例を挙げれば、70億の人間を支えるために飼われている家畜の数はどのくらいあるのか？

国連食糧農業機関（ＦＡＯ）の２００２年統計では、牛が13・6億頭、豚が9・4億頭、羊、山羊《やぎ》が17・8億頭、鶏《にわとり》にいたっては１６３・7億羽に達している。これらの家畜たちは、動物ではあるが自然界には存在せず、ただ、ひたすら人間のためにのみ存在しているのだ。

こうして考えてみると、人間と人間のためだけに存在している動物を合わせた数は、鶏を除いても１１０・8億頭という膨大な数に上る。そして、恐ろしいことに、この数は決して減る方向には向かっていない。このままでは、人間と人間に属する動植物以外の生き物たちの未来は限りなく暗い。

私は、この10月、ベトナム・ジャワサイの絶滅と70億人目赤ちゃん誕生の国際的なニュースを相次いで聞きながら、はたと考え込んでしまった……。

私にできることはなんだろうか？

（２０１１・12）

パンダ大熊猫

・多摩動物公園にて黒柳徹子さん（1982 年 10 月　写真撮影：中川成生氏）

夕刻、６時過ぎのＪＲ日暮里駅南口を出る。陸橋の階段を降りながら見渡す秋の街並みは、昼間とはまったくちがった華やかな様相を見せる。

震災発生から８か月、ようやく節電の影響も下火になって日頃の華やかさが戻ってきたのであろうか。いや、そのように目に映るのは錯覚で、今宵、この近くホテルラングウッドで開催される第５回日本パンダ保護協会親睦会への期待が街並みをことさらにやさしく見せているのかもしれない。

この協会は２００２年10月10日、日中国交30周年を記念して創設された団体で、パンダ保護のお手伝いをすると共に、地球環境保護までを視野に入れた民間団体だ。ユニークなのは、会長に動物写真家として世界的に著名な田中光常さん、名誉会長にパンダ通で知られる女優黒柳徹子さんが就《つ》き、中国四川省政府、駐日中国大使館、臥龍中国パンダ保護研究センター等が全面的に支援しているということであろうか。

実を言うと私も創設以来、評議員として参加しており、個人的には里親会員として、臥龍生まれ（２０１０年８月１日生）のパンダ「美美」の里親でもある。それだけに、年に１度のパンダ愛好家が集うこの親睦会は楽しみな年中行事の1つなのである。会場に入ると、すでにお馴染《なじ》みの会員たちが同好の士ならではの打ち解けた会話を楽しんでいる。舞台があって遅れるという黒柳名誉会長席はまだ空席であったけれど、田中会長はすでに姿を見せ、音楽評論家で環境問題に熱心な湯川れい子評議員、元NHKの小山評議員などが顔を揃え、上野動物園からは土居新園長、パンダ飼育主任の倉持弘さんなどが卓を囲んでいる。

話題は、当然のことながら上野動物園の新パンダ、リーリーとシンシンに集中。来日早々に東日本大震災に遭遇し、3月22日に予定されていたお披露目が4月1日にずれ込むなど、予想外のことが相次いだのでみんな心配なのである。

しかし、倉持主任によれば2頭とも来日以来好調で、震災の影響も見受けられず、シンシンは7月6日、リーリーは8月16日に揃って6歳の誕生日を迎えることができた。やや太りすぎなどという報道もあったけれど、年間変化の範囲内でとくに心配はないという。

それにもまして、2頭の食欲の旺盛さ、動きの活発さ、環境にも素早く対応する資質の良さはさすがで、初代パンダ、ランランとカンカンの面影を彷彿《ほうふつ》とさせるものがあるようだ。震災に打ちひしがれた人々にとって、その無垢《むく》な仕草《しぐさ》、振る舞いは何よりの癒《いや》しになったのではあるまいか。第2世誕生への期待が高まるのも無理はない。

「あら、大熊猫（パンダ）ちゃんがいらしているわ！」

会半ばに到着し、隣席に着席した黒柳徹子さんが、後ろを振り向くようにして、私に教えてくれる。

「ホントなのよ、本名なのよ！」

昨年の例会に欠席した私は知らなかったのだ

けれど、この席で最年少会員（生後8か月）として紹介された子どもの名前は正真正銘、パンダ（大熊猫）ちゃんで、会場の人気を一身に集めたのだそうだ。その子どもさんが今回もいらしているというのである。思わず席を立ってその子の手を握る。温かく柔らかく、健康を願って命名したという両親の願いがジンと伝わってくるようだ。子どもと言えば、私の里子「美美」（2010年8月1日生）の近況が協会事務局長の斉鳴さんから届いた。

「『美美』は、今、パンダ幼稚園に住んでいます。体重は30kgに達し、主食はミルクと栄養饅《まん》頭《じゅう》です。牛乳は1日に650g位を飲みます。ご飯が終わったら、高いところで暖かい太陽に当たってゆっくり休みます。そして長い時間そのまま座って、のんびりしている様子は可愛《かわい》いです（抜粋）」

読んでいると、「美美」の姿が目の前に浮かんでくるようだ。

可愛《かわい》いパンダの関連でもう1つ。11月24日は私事ながら私の誕生日。家族ぐるみの誕生会に、1つのサプライズがあった。それは大きな箱に入ったままのバースデイケーキ。

請われて、ふたを取ってみると、現れたのは大きくて可愛いパンダさん。パンダ特有の尻座りをして、真っ赤なハート形ローソクを左手にもってにこやかに頰笑《ほほえ》んでいるのだ。

「立体デコレーションケーキ」と言うのだそうで、製造元は岡山県備前市、パソコン得意の孫娘・真美が発見し、わざわざインターネット注文で取り寄せてくれたものだという。さすがによくできていて食べるのが惜しいような気がするほどだが、これがまた意外に美味《おい》しい。

考えてみれば、2012年はパンダ来日40周年、長いつきあいになったものだが、パンダの魅力はまだまだ尽きそうにない。（2012・1）

第2章

Animals

絆

ロンドン動物園への支援

4月10日夜11時、卓上の電話が鳴った。

「中川さん、今朝の記事読みました？」

女優の黒柳徹子さんからである。

私の頭の中に、反射的に朝日新聞朝刊の1つの記事が鮮明に浮かび上がる。

なんの説明がなくても、この夜更け、黒柳さんからの電話ということになれば、あの記事しかないであろう。

「赤字で閉鎖危機のロンドン動物園　もらい手のない獣の処分を心配『ZOO《ズーッ》と続けて』市民が支援」

ロンドン4月9日発、朝日新聞ヨーロッパ総局、竹内敬二記者からのレポートである。記事によれば、世界でも最古の歴史をもつロンドン動物園が経営難から閉鎖の危機に陥《おちい》り、英国中が大騒ぎになっているという。

閉鎖になれば、8000頭の動物のうち多くが処分される運命にあり、動物園では政府に援助を要請する一方「Save our Zoo（われわれの動物園を守ろう）」と緊急声明を発表して市民の支援を呼びかけている、と書いてある。

この記事はショックだった。1969年、私は東京都の海外派遣研修生として5か月間をここで過ごしたことがあり、その蓄積された膨大な学問的資料、科学的飼育管理のパイオニアとしての数々の業績を目《ま》のあたりにしているだけに他人事《ひとごと》とは思えなかったからである。

「なぜ、どうして？」記事を何回も読み返しながら、その行間に浮かんでくるロンドン動物園の友人たちのことを思った。とにかく、もう少し詳しく実態を知りたい。

ロンドン動物園のジョーンズ園長か朝日の竹内記者に問い合せの手紙を書こう、と、たまたま机に向かっていたときに徹子さんからの電話。

「あんな素晴らしい動物園を潰しちゃ駄目よ。そのために多くの動物たちが犠牲になるなんて！　動物に罪はないもの……」

まだ誰もパンダなどに関心をもっていなかった時代、どうしてもロンドンのchichi《チチ》（当時のロンドンのパンダ）に会いたくて飛行機に乗ってしまったというエピソードの持ち主だけに、この記事への思い入れは人一倍強いのである。

　１つのアイデアが浮かび上がった。

とにかく何かを形にしよう。日本でも心配している、ということをアピールしよう。幸い、朝日新聞が、私たちの考え方に関心をもってくれ、話を聞きたいという。

　4月13日、私たちは朝日を訪れる。あの超多忙の徹子さんが、時間を割《さ》いて出かけてくれたことに、その熱意をひしひしと感じる。彼女の動物思いはハンパではない。

　ゴルバチョフ大統領訪日直前の忙しい最中《さなか》だったけれど、私たちの思いは１つの記事になって朝日新聞に掲載された。

「ロンドン動物園ＳＯＳ、寄付や手紙を！」。

寄付の受付には、日本動物愛護協会が私たちの趣旨に賛同して快く協力を申しでてくれる。

反応はどうだろうか？

　私たちの危惧《きぐ》をよそに、その翌日から、日本動物愛護協会には問い合せの電話が２００本以上、続々と寄付金も集まり始め1週間もたたないうちに１００万円を超える金額に達したのである。ある人は独りで10万円を送ってきたし、ある中学校では、生徒会で支援決議をしたというのだ。

　4月19日夜、突然ロンドンからの電話、ヨーロッパ総局（朝日新聞）の竹内記者からである。縁というものは不思議なもの、話をしてみれば、竹内記者は私が上野動物園長時代に1度お会いしていた有能な記者だったのだ。

「ロンドン動物園に行って来ました。日本で始まった基金などの支援活動に対し、大変感謝しています。すでに日本の子どもたちからの手紙が届き始めているそうです。ジョーンズ園長は、『これら海外からの支援が私たちの活動を大いに勇気づける』と大変に喜んでいます……」

私は電話をしながら思わず目頭が熱くなる。私たちのやっていることは決して無駄ではなかった。日本人の動物たちにかける思い、動物園に対する思いは、海を越えて確実に伝わっていたのである。

これは決してたんなる同情や回顧主義的な郷愁ではない。ロンドン動物園が今まで果たしてきた動物学の研究の場としての数々の業績、動物園のメッカとして果たした役割を思えば、その閉鎖がどんなに大きな損失になるか計り知れないのである。

確かに、一部の人たちが批判するように、従来の都市型動物園が問題を抱えていることは言うまでもない。動物園もまた社会の変化に応じて変貌しなければならず、新しい社会的需要に対応できるものでなければならないであろう。

それを一番よく感じているのは、ほかならぬ動物園関係者なのだ。ヒトと動物の関係が急速に変化する中で、動物園が旧態依然たる姿でよいはずがない。だからこそ、世界中の動物園が、新しい二十一世紀の動物園を求めて模索し、変貌しつつある最中なのである。

ジョーンズ園長自身、そのことを繰り返し言っている。私には、彼の悩み、苦労がよくわかるような気がする。

幸い、ロンドン市民の反応は急速に盛り上がり、激励の電話がひっきりなしにかかり、入園者は昨年の5割増しに増加し、政府をも動かしつつあるという。

過去の業績の正しい評価から真のヌーベルバーグ（新しい波）は誕生する。新生ロンドン動物園の誕生に熱い期待を寄せる由縁《ゆえん》である。

（1991・6）

Animals

「もどれ、インディラ！」

・「インディラ」（右）と落合正吾さん

春の銀座は若々しい。地下鉄「銀座」で降り、地上に出るとにわかに春の気配に全身が包まれてしまう。すれちがう人々もほとんどがコートの前をはだけて、そのやわらかい風の感触を楽しんでいるようだ。

午後6時、私はゆるやかに染まり始めた暮色の中を「銀座ラポーラ」へと急ぐ。俳優の浜畑賢吉さんから春風に乗って楽しい手紙と案内が届いたからだ。

「やっとミュージカルトークの現実にこぎつけました。クリクリという歌集と『インディラさん』の朗読でみなさんに喜んでいただけると思います。当日ご満足頂けるか心配ですがぜひお越しくださいませ」

俳優であると同時にミュージカルの歌い手でもある浜畑さんならではの企画だ。

しかも、その朗読の対象に私の著書『もどれインディラ』（1992年・佼成出版社刊）を選んでくださったというのである。茨城県自然博物館のほうに勤めることになってすっかり縁遠くなった銀座だけれど、これは出かけずばなるまい。

11階の会場に上ると、6時半の開演なのにもう7割ほどの席が埋まって、大半を占める女性客の華やいだ雰囲気が溢《あふ》れている。

「やあ、よくいらしてくださいました」

浜畑さんが目ざとく私を見つけて迎えてくださる。いつもながらの人の心を和ませずにはおかないトーンとビヘイービア。

プログラムは「人生また楽しからずや」――朗読と歌で綴る浜畑賢吉&カルロス飯田のミュージカルトーク――とある。実は、この朗読に『もどれ　インディラ』を使いたいという話は昨年の末になって浜畑さんから直接にあったものだ。

浜畑さんの動物好きは有名だけれど、この本で語られている飼育係とゾウの関わりの有り様に感動し、ぜひ多くの人に伝えたいという趣旨のものであった。

私は即座に同意した。ほかならぬ浜畑さんからの申し出ということもあったけれど、私にとっても多くの人々にぜひ知ってもらいたい〝人と動物の交流〟の内容だと思っていたからである。

この話は1967年3月、私がまだ上野動物園の獣医をしていた頃の出来事だ。

当時、上野動物園に飼育されていたゾウのインディラが、同居していたジャンボといさかいを起こし、押し合いの果てに園内に出てしまったのである。

本来、ゾウは利口でおとなしい動物であるけれど、いさかいのあとで興奮していたこともあり、あの巨体で多くの観客の中を走ったりすると予想外の事故にも発展しかねない状況であった。

すべての飼育係が動員され、インディラの足に鎖《くさり》を巻き、暴走のおそれだけはなくなったものの、どうしてもゾウ舎に戻すことができない。28人もの飼育係が懸命に鎖を引張っても1メートルも動かないのである。

万策尽き果てたときにみんなの頭の中に浮かんだのが、インディラの飼育係として長年やってきた落合正吾さんの顔であった。

胃癌《いがん》のために8か月もの入院生活を余儀なくされている人ではあったけれど、こんな事態のときに最も適切な判断のできる人は彼しかいない。アドバイスをもらうために係長が派遣されたのだけれど、驚いたことに、その車に乗って落合さん自身が動物園に現れたのであった。痩《や》せて無精《ぶしょう》ヒゲを生やし、寝巻につっかけぞうりという、寝起きそのままの姿でインディラの前に立ったのである。

「もどれ、インディラ！」

病人とは思えない、いつもの落合さんの声であった。インディラは目が覚《さ》めたように落合さんの命令にしたがい、そのまま部屋にもどった。痩せて35キロに減ったという落合さんが体重4トンのゾウを動かしてしまったのである。

それは、飼育係とゾウとの間に長年にわたってつちかわれた信頼関係がなせるわざという以外に考えることができない。

ただ、残念なことに、この出来事から1週間後、落合さんは死去された。奥さんによると「インディフの役に立てて良かった」、が最後のことばだったという……。

浜畑さんの表現力は抜群だった。朗読はひときの途切れもなく続いているのに、朗読者の両眼からは溢《あふ》れるような涙が頬《ほお》を伝っているのが見える。キラキラと光の中を滴《したた》り落ちているのだ。多くの聴衆がハンカチを口に当てていた。さわやかでありながら心を突き動かすような感動が会場全体を包んでいるのである。

私の頭の中にも、にわかにあのときの情景が鮮やかな記憶と共に甦《よみがえ》り、ずんと胸にこたえた。私は黙って浜畑さんの手を握った。

外に出ると春宵《しゅんしょう》の銀座、瞬《またた》くネオンのかなたに落合さんが微笑《ほほえ》んでいる……。


（２００１・５）

ニーハオ悠悠

・「ユウユウ」と９年ぶりの面会

「ひょっとしたら、今年中にユウユウの赤ちゃんが生まれるかもしれませんよ！」

北京動物園に着くなり、出迎えてくれた副園長の王保強さんが言う。その顔は、それだけが言いたくて多忙の公務を割《さ》いて駆けつけてくれたという感情がにじんでいる。

それは、まったく私にとって想像外のことであった。９年ぶりのユウユウに会いたくて、今回の北京動物園行きを望んだのだけれど、のっけからこんな朗報が待っているとは夢にも思わなかったのである。

「この春、当園のメスと交配がうまくいきましてね。うまくいけば秋には出産の可能性が高いのです。ユウユウは今年で13歳になるのですが、交配成功はこれが初めてです。期待できますよ。もっとも、北京動物園では人工受精も併用していますので、ユウユウが本当の父親になれたかどうかは赤ちゃんが生まれてからの判定になりますけどね」

王副園長はそう言いながらも、ユウユウの父親になる可能性が高いことを、親指を立てることで私に示してくれる。副園長によれば、自然交配ができるパンダのオスは数少なく、ユウユウは期待の星なのだそうである。私は、なんとなく胸の中がジンとしてわけもなく「謝謝《シエシエ》」を繰り返す。

5月の北京動物園は緑にあふれていた。見覚えのある園内水路の両側の榛《けん》の木はいちだんと大きくなって豊かな枝葉をつけ、折からの風に乗せて、緑の香りを園内一面に惜しげもなく振りそそいでいる。

10数年ぶりの園内はさすがに整備されていて、隣接した巨大な水族館や教育のための学習館などが新設されているのが目立つ。世界で初めて人工繁殖に成功した「トキ舎」も拡張され、その一部が観客に公開されているのも新しい展開であった。トキ舎は、それまで非公開の動物舎であったはずである。

「この奥にいますよ」

案内してくれた飼育隊隊長の朱飛兵さんが指差して言う。巨大なパンダ舎が目の前にある。前回、ここを訪れたときにはまだ建設中だった建物である。さすがに観客お日当ての施設となって、かなりの人がつめかけており外人の姿も目立っている。

ここだけは別料金になったようで、入口に券売所が新設され、切符を買う人が行列をつくっているのも新しい動物園風景であった。

「こちらへどうぞ」

重い扉が開かれ、裏庭のほうから飼育通路を通ってパンダ室内管理スペースに入る。甘ずっぱいパンダ特有の匂いが鼻を打つ。久しぶりに嗅《か》ぐ匂いに鼻粘膜《はなねんまく》が興奮する。

「あれが昨年生まれのニャンニャンでね、今、一番の人気者です……」

昨年の8月生まれだからというから、まだ生後1年にも足らず、その愛らしい仕草で多くの観客の注目を集めている。

「ほら、ユウユウ、日本の中川さんだよ、こっちに来て挨拶をしな……」

鉄扉を開け、ボルト扉だけにして中にいるユウユウに声をかける。なんとなく心がはずんで、会いたいような会いたくないような不思議な感情が渦巻く。

「わあー、ユウユウ、お前、ホントに大きくなったな!」

私は思わず叫んでしまう。

眼前にやって来たのはまぎれもなくユウユウだけど、ボルト扉いっぱいになって、それでも体の一部が隠れてしまうほどの大きさになっていたのだ。

日中国交正常化20周年を記念して、上野動物園と北京動物園の間でパンダ交換の話がもちあがり、日本からは当時4歳だったユウユウが中国に婿入りしたのが1992年、9年前のことであった。

日本生まれのパンダが、中国に里帰りするのは世界初めてのこととあって、当時マスコミの話題になったものであるが、飼育サイドから言うと、近親交配を避けるためのやむを得ぬ措置でもあったのである。

私事ではあるが、私の上野動物園長時代に生まれた唯一のパンダであることもあって、私にとっては一人息子を婿に出すような心境だったのだ。それだけに、この大きさは嬉しかった。

ユウユウがこの動物園に来て、どんなにか温かく迎えられていたかを、その大きな体と艶《つや》やかな被毛光沢が物語っている。手を伸ばし、体に触《さわ》ってみると、パンダ特有のサラサラした毛の感触が掌《たなごころ》(手のひら)に心地良い。

「良かったなあ、お前、父親になるんだってね。お前の子ならきっと可愛《かわい》いよ……」

私は頭のうしろを掻《か》くようにしながら、わけもなく話しかける。ユウユウの吐く暖たかい吐息が私の顔をやさしく包む。久し振りに一人息子に会ったような、そんな満たされた気分であった……。

(2001・7)

Animals

ニーハオ朱鷺《ツーハン》

・トキ担当の自宝芝さんとトキ（北京動物園にて）

5月の北京は風が強い。

動物園内の柳が風のまにまに幟《のぼり》のはためくように揺れている。

「トキの繁殖は、ずっと順調ですよ。昨年からは舎屋を増設して一般の来園者にも公開していますが、パンダと並んで人気の中心になっています」

飼育隊隊長の朱飛兵さんがなかば誇らしげな表情で言う。確かに、トキはこの動物園が世界で初めて人工ふ化に成功し、その技術を定着させた実績をもっているのである。

1981年5月、中国、泰嶺山脈の山中に7羽のトキが発見され、それ以来、野生保護と人工繁殖の2本立てで増殖に取り組み、人工繁殖の重要な部分を担当してきたのが北京動物園なのだ。

60年ぶりにトキの生息が中国で確認されたその年は、奇しくも日本では佐渡に残されたトキ5羽のすべてを捕獲し、人工繁殖のために佐渡トキ保護センターに移した年でもあった。日本の最後のトキ群が野生をすてて人工繁殖下に移されたその年に、中国で野牛の群れが発見されるという偶然は、私たちトキ関係者を狂喜させるビッグニュースだった。

世界のトキを守るために、日本と中国が直ちに「日中トキ保護増殖協力会議」を発足させたのは当然の成り行きであった。私たちはそれまで日本で積み上げてきた経験のすべてを中国側に伝えた。日本の保護増殖事業は成功の歴史ではなかったけれど、それゆえにこそ、これからの中国の技術陣には参考になれると思われたからである。

「本当に中国での成功は日中合作ですよ。日本の積み上げられた経験がここで活かされたからこそ、成功したんだと思いますよ」

朱さんは、私の胸中を推し測るように、そっと耳元で囁《ささや》くように言った。

トキ舎はまったく新しくなっていた。飼われているトキたちも10数羽にはなるであろうか、観客がトキ舎の前で指を差しながら盛んに会話しながら見ている光景は私にとっては初めてのものであった。

今までトキ舎は一般公開されておらず、堀を隔てた一角に厳重に保護されていたからである。私は、この変化に北京動物園のトキに関する自信のほどを見る思いであった。

「今、繁殖シーズンでペアが巣に就《つ》いていますので繁殖室には案内できませんが、様子はモニターTVで見ることができます」

現在のトキ飼育担当者・自宝芝さん（女性）がにこやかに迎えてくれる。

看視室には1台のモニターテレビがリアルタイムで刻々トキペアの様子を映し出す。

もう、巣の中には2羽の雛《ひな》がふ化しているようだ。北京では、産卵した卵をとってふ卵器に入れる人工増殖と、すべての繁殖・育雛《いくすう》を両親にまかせる人工下自然繁殖の両方を行なっているのである。

「今年はペアが巣づくり、抱卵、育雛までまったく人手を借りないでやってのけてくれていますす。これで野生復帰への展望がもうひとつ開けると思いますよ」

トキの野生復帰へのバックアップ態勢が着実に進んでいることを実感させる言葉であった。

考えてみれば、中国におけるトキの発見が１９８１年5月、その年に、現地で巣から落ちた雛を保護飼育をしたのが北京動物園の人工飼育の始まりであり、あれからもう20年の歳月が経過しているのである。

１９９８年、１９９０年の人口ふ化の成功、１９９2年の人工ふ化・育雛の成功以来、すでに20数羽の雛を育てたことになる。

しかも、この成功は動物園内のみにとどまっていない。すでに、ここで確立された人工ふ化・育雛のノウハウはトキ生育地・陝西省洋県のトキ救護飼養センターに引きつがれ、まさに画期的な成功を収めているのである。

１９２０年に開設したこのセンターは、直ちに北京動物園の人工増殖の技術を導入し、１９９３年には早くも人工ふ化に成功、今では毎年、20～30羽に及ぶ人工増殖の雛を育てているのである。

この連携こそ、動物園と野生保護の現場を結ぶ典型的な事例と言うことができよう。

「そうです。動物種の保全は動物園だけではできませんし、生息現地だけでも不充分です。お互いの利点を出し合い、協力し合うことで種を保全していけるのだと思いますよ。これは動物園の役割の大きな柱の1つです」

いつの間にか、私たちのうしろに来ていた副園長の王保強さんが同意を求める眼差しで私の顔を覗《のぞ》きこんだ。

足元に馴れた1羽のトキが近づき、私の靴《くつ》のひもを盛んにひっぱっている。

折しも、一陣の強い風が春嵐となって空に舞い、柳絮《りゅうじょ》（柳の綿）を飛ばし、そして私の心をも高く舞い上がらせた。（２００１・８）

『ダンス・ウィズ・ウルブス』

昨年の秋、久し振りで途中休憩の入る長時間ものの映画を見た。10分間の休憩をはさんで前後4時間という大作である。しかも、この映画は1991年の5月にわが国ですでに封切られており、今回のはそのアナザー・ヴァージョンで、前回のものに未公開の52分を追加編集したというものだ。

実は、前回の映画も見ているので、私にとっては今回が2回目の鑑賞ということになる。ここ数年来、あまり映画を見る機会もない私としては、いささか稀有《けう》のことだが、それだけ強くひかれるものがあったということであろう。

もちろん、この『ダンス・ウィズ・ウルブス』が、私の好きな俳優の1人であるケビン・コスナーの主演・監督ということもあり、また、1991年アカデミー賞7部門受賞という評判の映画だったこともあるけれど、もう1つはこの映画に登場するオオカミに大いに興味があったからである。とくに、コスナー紛する騎兵中尉・ダンバーとの出合いから、心を通じる関係になるまでのプロセスは、いかにもオオカミが人間の友となり、家畜化されてイヌになっていく過程をそのままなぞっているように思われたからである。もちろん、これは映画であり、コスナーにとっては1つの演技にすぎないのだけれど、それが実感をもって迫るのは、人とオオカミの間に、それを可能にする共通のライフスタイルがあるからだと思う。

ある学者は、オオカミとヒトの社会システムの進化は相互に似かよっており、一種の平行進化《へいこうしん》と考えてよいのではないか、と指摘しているほどなのだ。オオカミは仲間相互間の絆《きずな》の強い群れをつくることで知られ、その中心がアルファ雄、アルファ雌と呼ばれるトップランクの番《つがい》によって形成されていることがわかっている。アルファ雄によってリードされる群れ《パック》は、集団による狩り《チーム・ハンティング》によってムースやバイソンを倒すのだが、その協力関係の見事さは、同じ肉食動物のネコ科の動物では決して見ることができないものである。それというのも、オオカミという動物の番関係が繁殖期間にとどまらず一生続き、その血縁関係メンバーとのつながりもほかの動物には類を見ない強さなのだ。

このように強い仲間意識や協同で行なうチームハンティングは、メンバー同士の間に複雑で巧妙なコミュニケーションを発達させる。例えば、オオカミたちの示す表情の変化は少なくとも10種類以上に分類することができ、これは霊長類の表情変化の種類数に匹敵すると言われている。

それ以外に鳴き声による音声《おんせい》コミュニケーションや臭いによる嗅覚《きゆうかく》コミュニケーションを加えれば、オオカミたちの世界がいかに豊かな情報社会から成り立っているかは容易に想像できるであろう。

ダンバー中尉が初めてオオカミに出合ったとき、思わず銃に手が伸びるのだが、視線が合った途端に引き金が引けなくなるのは、まさにオオカミの表情、視線の中に、中尉の心の中に通じるものがあったからであろう。

その後、毎日のように姿を見せるようになるこのオオカミは、孤塁《こるい》を守る中尉の心の友となり、足先の白い所から「ツーソックス」と名づけられて、時々は餌《えさ》をもらう仲になっていくのである。この様子を見ていると、私たちの祖先、クロマニヨン人やネアンデルタール人とオオカミたちの出合いをなんとなく想像してしまうのだ。

最近の研究によると、オオカミから家畜としてのイヌになったのは、今から3万年以上前のネアンデルタール人の時代であることが知られ、そのプロセスはヒトからの積極的な働きかけの結果というよりも、ごく自然の成り行きだったと考えられるからである。

ヒトは、50万年も前の原人の時代から火の利用を始めており、これによって食物を調理加工する術《すべ》を会得《えとく》していたと考えられる。火の利用が、食料の幅を広げ、食べ易《やす》くし、無毒化《むどくか》・美味化《びみか》することも当然考えられることである。

このような人間の豊かな食生活は、オオカミにとっても魅力であり、ダンバー中尉に近づいたツーソックスのように、オオカミたちが人間の集落に近づいいたと考えられよう。

一方、当時の人間にとっても、夜間に野獣の襲撃には常に備えなければならぬ事情があり、身近に馴《な》れたオオカミがいて警戒の役に立つことは大いにメリットがあったと思われる。

このような相互のメリットがオオカミとヒトを近づけ、家畜化への端緒《たんしょ》になったと考えるのはごく自然であろう。また、オオカミの群れがアルファ雄をリーダーとする社会組織をつくり、順位制《ランキング》に基づく統制された群れ行動のあり方は人間のそれと実によく似ており、お互いにその行動や考え方が共通し理解しやすいことも、共に暮らしていく上で好都合だったと思われる。

このことは、農耕文明以降に導入された家畜の多くが、一方的に人間のためにつくられてきたことと基本的に異なる。それゆえにこそ、最近は、イヌがたんなる家畜やペットとしての範囲を越え、互いの信頼関係の上に成立する伴侶動物《コンパニオンアニマル》という呼称を得るにいたったのであろう。

事実、イヌは盲導犬をはじめとして聴導犬、介護犬など直接的に役に立つものをはじめ、老人ホームなどで精神的な慰めを得るためのパートナーとして用いられるようになっている。3万年の歳月を経て今なおその関わりは深く広くなろうとしているようだ。『ダンス・ウィズ・ウルブス』の感激の余韻が消えやらぬうちに年が明けてみれば干支《えと》は戌《いぬ》。これもまた1つの因縁と言うべきものであろうか。（1994・1）

Animals

暖かい科学

・アビシニアン

目黒雅叙園は涼気に満ちていた。

30度を超える今年の猛暑は目黒界隈もすっぽりと包んでいたのだけれど、昼の雅叙園に到着し、1歩エントランスを抜けて中央通路に入ると冷房とは別の涼気が感覚を和らげてくれる。

広々とした通路もさることながら、足下を流れつつたゆたう水、広いガラス窓越しに視覚を癒《いや》す緑陰とほとばしる滝の飛沫……。

すっかり豊かな気分になって会場に入ると、ここはまた柔らかでアットホームな雰囲気が部屋の隅々にまで漂っている。

『猫になった山猫』（築地書館・2002刊）出版記念会というのが7月14日12時からの集まりであり、私は発起人の1人に名を連ねていたのだ。

この本の著者は平岩由伎子さん、市井《しせい》のイヌ科動物研究家として高名であった平岩米吉氏は父君であり、助手として共同研究者として、その膨大な偉業を引き継いで現在にいたっているのである。イヌ科動物の研究、その対極にあるネコ科動物の研究、そして「動物文学」の主宰という多面的な先代の業績を引き継いでいくこと自身並大抵な努力ではすまないはずなのに、ここにまた由伎子さん独自のネコ科動物研究とニホンネコ保存運動を加えての新著作の発表となったのである。

「動物の研究には大学や研究所で行なっているような理詰めの硬い研究もありますが、動物と人との関わりの中で動物を広くやわらかく見つめる暖かな研究、暖かな科学というものがあってしかるべきであると考えます。とくにネコのように人との接触が密な存在ではなおさらで、今回の平岩さんの著作はまさに現在の研究に欠けているものを見事に埋めていると言ってよいのではないでしょうか……」

出版記念会発起人代表の小原秀雄さんが挨拶の中でこう述べ、出版の意義を強調したのはまさに同感であった。哺乳動物全般の研究家であり、今も野生生物保全論研究会を主宰されている先生だからこそ、この本のもつ意味を内面的にしっかりととらえておられたのである。

私は、小原先生の話を聞きながら、突然のように秋篠宮殿下の言葉を思い出していた。この6月、殿下が非公式ながらご一家で私が館長を務めている茨城県自然博物館をご訪問されたときのことだ。

館内を御覧になる道すがら、たまたま話題が博物館の研究対象に及び、その延長線上で殿下の御著作『鶏と人』（小学館・2000年刊）に触れる機会があったのである。

「殿下のご本に『民族動物学の視点から』というサブタイトルがついていますが、何か特別な意味合いがあるのですか？」

私はずっと気になっていたことを単刀直入に伺ってみた。民族動物学という言葉自身聞きなれていなかったし、それを強調されるには特別の思い入れがあったにちがいないと拝察していたからである。とくに、アジアの野鶏として知られるキジ科の鳥たちがいかにして家畜としてのニワトリへの道を歩み、いかにして地域によって異なる品種を生んだのかということは、たんに遺伝学的な生物学のみでは計り知れない背景をもっているとする殿下の考え方には確かにうなずけるところが多いのである。

「民族動物学という言葉はあまり一般的ではないかもしれませんね。しかし、家畜としての動物の成立には人間の意志による選択が強く働いており、その地域社会の文化が介在していることは明らかです。それが家畜の外見や色彩の生物学的特徴として現れているのではないでしょうか。

そう考えると、家畜の研究には、対象となる地域社会の文化を調べながら生物学の要素を取り入れていくということが必要だと思うのです……」

殿下のこの考え方は、まさに小原先生の言う暖かい科学に一脈相通ずるものがあるのではないだろうか。最近のDNA万能の学問傾向もさることながら地道で苦労の多い調査、人間の血が通った暖か味のある研究というものも忘れてはならないということであろう。

その意味では、この『猫になった山猫』は、まさに暖かい科学そのものであり、地道な調査と研究の成果と言ってよいであろう。

それは、由伎子さん自身の研究はもちろんだけれど、父君の平岩米吉氏がまとめ上げた膨大な猫に関する民族資料『猫の歴史と奇話』（築地書館・1985年刊）が基礎にあって初めて可能だったのではあるまいか。

言うならばニホンネコの成立と歴史に関する調査研究と、その延長線上にある日本猫の保護運動は、親子2代の悲願と言ってしかるべきものであろう。

それだからこそ、平岩米吉氏夫人であり、由伎子さんの母親である平岩佐与子さんが90歳を超えるご高齢にもかかわらず出席され、記念会半ばに立たれて「由伎子を宜しく」と挨拶されたのだ。

外は猛暑、しかし、この記念会場には清々しい涼味とやさしい温もりが流れている……。

（2002・9）

「この次の座談会のテーマは、ペットロスについて計画していますが、いかがでしょうか?」

日本動物愛護協会の会田事務局長からの電話である。ここでは隔月刊の動物愛護普及誌『動物たち』を発行しており、私はその編集長をおおせつかっているのだ。

「ペットロス?」

私は、オウム返しに言って一瞬言葉を切る。それまであまり聞きなれない言葉のように思ったからである。

会田事務局長の説明によるとこうだ。

ペットロスはPet Loss, 即ち、病気その他でそれまで飼っていたペットを失ってしまう際の、ペットのターミナルケアとペット飼育者の精神的打撃をいかにケアするか、を取り扱うもので、とくに後者に重点がおかれている点が特徴となっている。

私は即座に、この座談会の企画に賛成した。

確かに、動物自身のターミナルケアについては動物園などでも考えられており、それなりのノウハウもないわけではないが、それを飼育してきたキーパーの精神的な打撃についてのケアは、個人的なものはともかく、システムとして考えた例はあまり聞かなかったからである。しかし、その際のキーパーの心の傷は相当に深いものであることは実感としてよくわかるのである。

ましてや伴侶動物として、長くつきあってきたペットとの別れは、それ以上であることも容易に想像できる。家族同様という言葉があるが、むしろ家族そのものなのだ。

本誌でもE・G・サイデンステッカー先生が愛猫「花子」との別離《わかれ》について書いておられるが、あれを何度も何度も読み返していると、他人であるはずの私までが、どうしても目がうるんでしまう。先生の「花子」に寄せるあつい想いが行間からにじみ出てくるからである。

座談会のメンバーは、日本獣医畜産大学の鎌《かま》田《た》教授、鷲津《わしず》助教授、そしてペット研究家の山崎先生の3人で、私が司会を務めた。日本獣医畜産大学では、第11回の学術交流会（1995年11月29日）で、日本で初めての「ペットロス」をテーマとしたシンポジウムを開催した経過があり、山崎先生はそのときのシンポジストであり、ペットロスについての海外の事情に詳しい方だったからである。

山崎先生によれば、このペットロスに関するシステマティックな研究や対応については、世界的に見ても、まだ緒《ちょ》についたばかりで、アメリカでも普遍化はこれからだという。その中でカリフォルニア大学デービス校では、カリキュラムの中にすでにとりこまれており、「ペットロスホットライン」が開設され、学生たちが実際にこれに対応し、また、ニューヨークのアメリカ・アニマル・メディカルセンターでは、ペットロス対応のためのケースワーカーがいて活躍しているという。

ここでも、中心は高齢化が進み、腫瘍《しゅよう》などの病気を抱えるペットたちのホスピス的な対応、そしてペット所有者のメンタルケアが大きな問題のようだ。

シンポジウムの中で「ペットロスにおける獣医師の役割」について発表された鷲津先生は、この問題の中での獣医師の果たす役割の大きさについて力説された。

先生は、腫瘍で苦しむ末期的なペットを実際に取り扱っている体験から、ペット自身とその飼主の両方について、ホスピス的な対応が不可欠ではないか、と考え、日本におけるペットロス対応の推進役として活躍されているのである。

学生部長をも兼任されている鎌田教授は、鷲津先生の提案を取り上げられ、理事会に図り、学術交流会のステージに乗せた方だ。実際に、このシンポジウムをやってみて、反響の大きさに改めて驚いたという。

　事前の広報が充分ではなかったにもかかわらず、会場はいっぱいになり、TV、新聞にも取り上げられ、討議の内容もかなりつっこんだものになった。さらに、その余韻は残り、大学の電話はホットラインと化し、先生自ら1時間を超える相談につきあうことになったのである。

　そして、その話を聞きながら、ペットを失った飼主たちが、そのやり場のない悲しみを誰にどうぶつけて良いのか、どう解決したら良いのか、真剣に悩んでいることを知った。考えてみれば、従来の獣医師養成のカリキュラムの過程の中で、動物自身の育成法、診断法、治療法などについては、大学が6年制になったこともあってかなり時間をかけてやれるようになったのだけれど、ペットオーナーに対するケアについてはほとんど触れられていないのが現状なのだ。

　これは、獣医師養成カリキュラムの中における1つの大きな「欠落部分」かもしれない。

　学生部長でもある鎌田先生は、この辺のところにも今後注目してゆきたい、と言う。

　私は、この座談会を進行させながら、改めてペットたちと人とのつきあいの在り方の変化を再確認したように感じた。ペットは、愛玩動物《ペット》から伴侶動物《コンパニオンアニマル》と呼ばれるようになり、今や家族《ファミリー》そのものとなったのである。ペットロスは、まさに家族の一員を失うことと同義なのだ。

　確かに阪神大震災の例を見ても、ペットの存在がいかに大きかったか、がわかる。ペットによって、悲嘆の底から立ち直る勇気を与えられた人たち、ペットロスによって新たな悲劇を背負った人たち――。

　Living Together……Living Together……

　5月の街に出て、私はいつの間にか、動物愛護の標語を口ずさんでいた。（1996・6）

Animals

「ズーラシア」の新風

この4月、新しい動物園が誕生した。

その名を「よこはま動物園・ズーラシア」と言う。「生命の共生、自然との調和」をテーマにしたというこの動物園は横浜市の旭区と緑区にまたがる兵陵地にあり、総面積53・3ヘクタール、今回のオープンはその約半分23・9ヘクタールである。

動物園人気が世界的にかげりを見せ始めている近頃の世相から、この新規開園がどんな結果になるかいささか心配の向きもあったようだが、どうやらそれは杞憂《きゆう》であった。

4月24日のオープン当日には交通パニックになるほどの人気だったと言われ、その後も引き続き好調で平均して1日1万人、開園100日目にして100万人余の利用者を迎えたというのである。これは初物《はつもの》人気を差し引いても驚くべき動員力と言わねばなるまい。私はこの9月4日に初めてここを訪れた。人気の実態をこの目で確めてみたいというかねてからの願望もあったし、この動物園の計画段階でいささかの参画をした1人として、その成果を見届けたいという想いがあったからである。午前中はどんよりとした曇り空であったけれど、ズーラシアに到着の1時半過ぎには時折雷雨がやってくるあいにくの天気となった。

「よくいらっしゃいました。どうぞ」

美しい白髪の増井光子園長がドアを押して出迎えてくれる。増井さんは上野動物園長を退職されたあと麻布獣医大学の教授という破格の転向をされて世間をアッと言わせたのだけれど、今度もびっくりされた関係者が多いのではあるまいか。「動物と人間の関係学」という新しい分野を開発され、そこでの学生の指導に情熱を燃やしておられたからである。ようやく軌道に乗りかけた分野を退かれ、新しい動物園に踏み切るには並々ならぬ決意があったにちがいない。

増井さんは、それを「動物たちが私を呼んでいる」という言葉で表現されたという。いかにも増井さんらしく、動物園人の面目躍如《めんもくやくじょ》というところであろうか。

増井園長と木村課長に案内されて園内に出ると、台風の余波らしく速く流れる雨雲《あまぐも》の間から時々驟雨《しゅうう》が風のように通りすぎていく。

野外施設である動物園にとって決して条件の良い日ではないけれど、それでも三々五々あちこちにカラフルな傘《かさ》のグループができ、明るいさんざめきの声が聞こえる。あとでうかがったところでは、この日の入園者は5700余名ということから、あの天候にしてはかなりの数ということができよう。それにしても、この動物園の何が人々をひきつけているのであろうか。確かに日本初渡来《はっとらい》の珍獣「オカピ」の存在は大きいと思うし、繁殖コロニーとしての「アジアライオン」の魅力も見逃すことはできないであろう。

オカピはパンダ、コアラと並んで「世界三大珍獣」の1つと呼ばれてきたし、アジアライオンには、絶滅の危機にある「悲劇の王」的なエピソードが人をひきつけるからである。とくにオカピは、パンダ、コアラのようなアイドル的人気はないかわりに、その神秘的な美しさから、自然志向の現代に実によくマッチした存在と言ってよいであろう。しかし、もしオカピもアジアライオンも、従来の展示方式、飼育方式だったならば、これほどの人気を博することはなかったのではあるまいか。彼らの魅力を存分に発揮させる舞台装置がしっかりできていたからこその結果なのである。もちろん、生態展示としての生息環境再現型の展示方法はアメリカ・ウッドランドパーク動物園を始めとして世界的な傾向となっているが、ズーラシアの特徴の1つは、生態展示が動物展示エリアにとどまらず、観客のエリアにまでも及んでいるということであろう。

例えば「アジアの熱帯林」のゾーンの中で、

4種のオナガザルを展示しているのだが、その展示エリアの植物は、そのまま観覧エリアに広がって熱帯雨林の樹上を通る木製観覧デッキへと続いているのだ。

観客は檻《おり》の中のフランソワルトンやドウクラングールを見ながら、自らもまた熱帯雨林の住人となっているのである。そこには、もう「見るものと見られるもの」との関係がなくなり、まさに「共生」の感覚で観ているということであろう。この感覚はウォークスルーバードハウスの中でビクトリアカンムリバトなどと空間を共有していることと同様であるが、観客側に囲われた意識がないだけによけいナチュラルな体感を与えるのではないかと思う。

ズーラシアの展示の特徴はいろいろあるけれど、私が最も強く感じたのは、ここの生態展示は檻の中だけにとどまらず、それを敷衍《ふえん》して観覧側にまで及ぼしたという点である。この考え方ならウッドランドパークにもなかったアイデアではないかと私は思う。

もう1つ感心したのは、アマゾンセンターの中の「ふれあいショッピング」であった。ここもズーショップの1つであるけれど、このショップで扱っている商品はみんなハンデキャップをもった人たちがつくったものなのである。アクセサリー、小物、お菓子類などが多いのだけれど、それぞれにほんのりとした暖かみのあるグッズなのだ。私はそこに、この動物園の人々に対する姿勢を見たように思ったのである。およそ2時間ほどの園内一周であった。

増井園長と木村課長はずっと御一緒していただき、久しぶりで動物園について語ることができたのは、ありがたいことであった。

「私は動物園は文化であると思いますので、動物を通して市民生活の質を高めたい」と言う増井園長は意気軒昂《いきけんこう》であった。（1999・10）

還暦の「はな子」

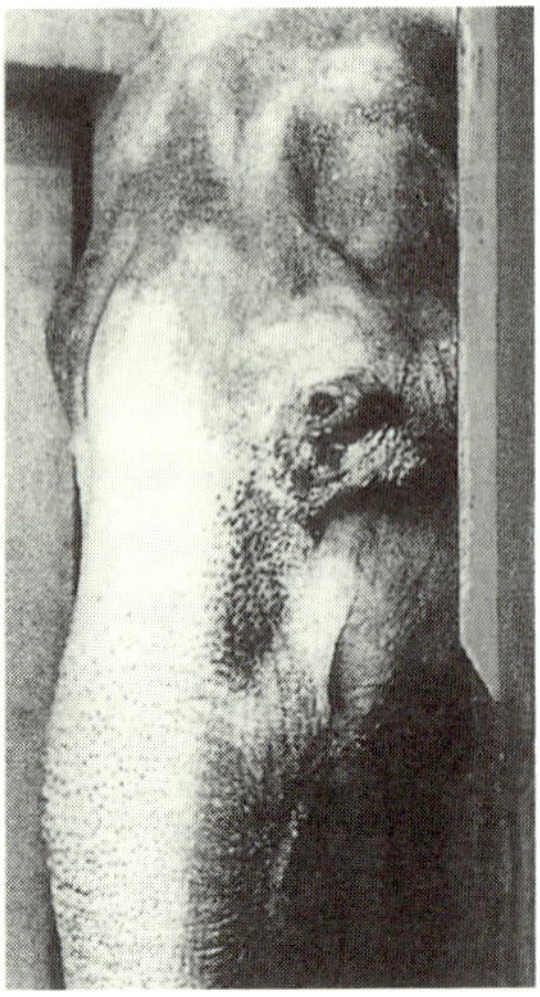

・「はな子」（井の頭動物園にて：2007年3月1日）

はな子は、ひっそりと室内にいた。

3月の陽光が降り注ぐ午後の井の頭動物園は、光り輝くような薄緑色のヴェールに覆《おお》われ、象舎内に入ると明暗がくっきりと分かれる。

陽の射し込む観客サイドはくっきりと明るく、はな子のいる屋内展示エリアは相対的に暗い。

「はな子、顔を出しなよ……」

飼育係が気を遣って声をかけると、巨大な灰色が空気を揺らすようにゆっくりと動き、長い鼻を動めかせながら柵《さく》の間から顔を覗《のぞ》かせる。

白く脱色した皮膚の色がさすがに老齢の気配を感じさせるけれど、体全体の締りや鋭い眼光は昔のままで、とても還暦を迎える年齢には見えない。

私も彼女をこんなにも間近にゆっくり見るのは10数年ぶりだけれど、むしろあの頃よりもヴァイタリティがあるようにさえ思える。

「そうなんですよ。あの頃、歯が次々に抜け落ち昭和62年に左下1本が残るだけになってしまってからはほとんど硬い物が食べられなくなってしまったのですからね…」

歯に関して言うなら、確かにゾウという動物は特殊な存在と言ってよいであろう。ゾウの歯の数は牙《きば》と呼ばれる上顎門歯《じょうがくもんし》（前歯）が一対、嚙《か》み砕くための臼歯《きゅうし》（奥にある歯）は上下左右に各1本ずつ、計4本しかないのだが、1本の重量が3kg～5kg、咬合面の長さが30cmという巨大であるばかりでなく、一生の間になんと6回も生え替わるというすぐれものなのである。

それと言うのも、ゾウを葉食動物と呼ぶことがあるほど、草よりも木の葉を枝ごと鼻で折り、そのまま小型石臼《いしうす》のような歯で磨《こす》り潰《つぶ》して胃袋に送り込むという仕掛けになっているからなのだ。

しかも一日の採食量は、150kg～300kgを超えるというのだから歯にかかる負担は想像を絶する。

ゾウにとって歯が命、歯に故障が起きれば生きながらえることができないといわれるのも確かにうなずけるところだ。

しかし、はな子の歯は、老化と共に次第に抜け落ち昭和62年には、ついに左下1本を残すのみとなりながら、平成19年の現在まで生き続け、しかも、いたって健康な状態で来園者に親しまれているのは、まさに稀有《けう》と言ってよいであろう。

ふと見ると象舎室内の壁面には、地元小学校の生徒さんが描いたはな子の笑顔が「はな子さん、60歳おめでとう！」の言葉を添えて飾られている。しかも、描かれた笑顔のはな子の前にはパン、バナナ、ぶどう、りんご、など柔らかい餌《えさ》も並んで描かれているのである。

「そうなんですよ。子どもたちも、このゾウが歯が無くなって、硬い物が噛《か》めなくなっているのを知っているんですね。しかし、こういう絵を見ますと、はな子が長生きしてホントに良かったと思いますし、関わった歴代の飼育担当者の苦労も消し飛んで飼育冥利《みょうり》に尽きるというものですよ」

その言葉に促されるように改めて室内を見ると、細かく刻んだ青草や特別仕立ての餌が置いてあり、観客サイド壁面には、その調理法が写真入りで掲示されている。

アルファルファという乾草をほぐし、皮をむいたバナナとリンゴを細かくしてよく練り合わせると特製練り餌が出来上がるという仕掛けだ。

今でこそ、この方法が当たり前になったけれど、歯を失った最初の頃は、歯の無いゾウを飼育するなど前例がなく、当時の飼育担当だった山川清蔵さんは特製団子を考案して対応したという。

特製団子は、青草・野菜・果実などはすべてミキサーにかけ、それを、おから・豆乳で練って子どもの頭のサイズにするものだ。それも半端な数ではない。総重量１２０kgを丸め、自分の背丈よりも高い口の中に入れてやるのである。

「それにしても凄い生命力ですよね。もう日本に来て58年間も過ごしたことになるのですから……」、飼育係が呟《つぶや》くように言った。

確かに、戦争末期にゾウを失った上野動物園に昭和24年9月4日、戦後初めてタイ国からやって来たのが「はな子」であり、昭和29年に井の頭動物園に移ったが、あれから58年近くを過ごして現在にいたっているのだ。

この歳月は、日本にいるゾウの中で最長であり、考えてみると、戦後の日本を誰よりも体験している動物ということになろう。

私事で恐縮だが、私が上野動物園に就職したのが昭和27年4月だから、あれから、まさに半世紀超えるつきあいということになる。

その意味で回顧してみると、私より早く東京の動物園に入った数多《あまた》の動物たちの中で、現在も元気でいるのは、この「はな子」だけだ。

「いつまでも元気でな……」

心の中で呟くと、心なしか彼女の小さな瞳がキラリと光ったように見えた。（２００７・５）

Animals

編集者の微笑み

「継続は力なり」という言葉がある。

　何事によらず、1つのことをたゆまず続ければ、それは大きな力になり得る、ということであろう。現代のように世の移り変わりがスピーディで、十年一昔どころか一年二昔といわれるほどの変転極まりない世情であってみればなおさらである。とくに本や雑誌の出版事業のように、その波をもろにかぶりやすい業界では、継続するということそれ自体大変なエネルギーを必要とするからである。

　その意味で東京都立動物園の外郭団体である（財）東京動物園協会が発行している普及誌『どうぶつと動物園』の息の長さは驚嘆に価する。戦後間もない昭和24年に『どうぶつえんしんぶん』というタブロイド版の新聞として創刊されて以来、現在まで実に半世紀にわたる時間を生き続け、しかも内容・体裁共に確実に成長を続けているのである。


　戦後、同じ時期にスタートした多くの科学雑誌や自然系雑誌がその間に廃刊や休刊になり、再刊の日途《めど》もたっていない現状を考えると確かに稀有《けう》のこと、と言ってよいであろう。もちろん、本誌が「動物愛好会」の機関紙的性格をもち、東京動物園協会の公益事業の中心的な存在として位置づけられていることも継続の大きな背景になっていることは否定できないが、内容は決してそのレベルにとどまっていないと思う。

『どうぶつと動物園』というユニークな誌名からもわかるように、徹底して動物園にこだわり、動物園を通して動物たちを理解してもらうという姿勢は一貫しており、その評価は海外の動物園界でもかなり高い。

　国内では本屋さんの店頭に並ぶことのない普及誌（会員用配布と動物園内ショップ販売のみ）であるだけに、評価も一般的ではないが知る人ぞ知るで、科学評論家の岡部昭彦氏は次のように評している。

「本誌の行きとどいた良心的な編集には定評があり、出版社系雑誌の及ぶところではない」（学鐙、１９９２年2月号）。

確かに、このような雑誌の命運は、編集ポリシィによって決まると言ってよいであろう。

何をめざし、何をよりどころにし、どのように表現していくか、は編集の仕事だからだ。とくに、このようなユニークな専門誌は、編集者のなかば仕事への没入的努力なしに成立し得ないのが通常なのである。

しかも、編集者の顔は「表《おもて》」に出ない。いつも舞台を回す「陰の人」である。自らが生み出した雑誌という「作品」でしか勝負できないのである。

１９９７年6月16日午前11時、この陰の人にささやかな光があった。『どうぶつと動物園』の編集者として長年この仕事に従事してきた伊《い》藤政顕《とうまさあき》さんが、第33回東京都公園協会賞の受賞者に選ばれ、その贈呈式が日比谷公園内の松本楼で行なわれたのである。

昭和44年に『どうぶつと動物園』の編集者としてスタートして以来、27年余の長い時間を、この雑誌と共に歩み、この雑誌を守り育ててきたことが認められたのだ。

本来、公園協会賞は、公用事業に直接の功労者である造園関係者や栽培・飼育など現場の職員が対照になるのがふつうで、普及誌の編集者が選ばれるのは稀有のことであり、事実この賞が始まって以来初めてのことであった。

私は梅雨《つゆ》入り前のややむし暑い感じの日比谷公園の樹間を抜けて松本楼に急ぐ。

噴水の水が光の中で躍る。木々の葉づれの音が軽音楽のように心地良いハーモニーを奏《かな》でる。

私は、今回の贈呈式のたんなる陪席者にすぎないのに、まるで自分が受賞するような心の弾むのを覚《おぼ》えてしまう。飼育係の人など陰の人が受賞するようなとき、いつも感じるさわやかな感動がその日も心の中にあった。

伊藤さんはやや緊張した面持ちで会場の最前列に並んでいた。私が来賓席から無言の会釈《えしゃく》を送るとなかばはにかんだような表情で軽く微笑《ほほえ》みを返したが、万感の思いがそこにあったと思う。27年間という歳月は決して短くはなく、しかも、その間、雑誌を育てるためにコツコツと成し遂げた仕事の量は膨大なものであろう。とくに、伊藤さんが気を遣ったのは、この雑誌の中核を形づくる「飼育観察記事」の充実ということであった。

どうぶつの話はたくさんあるけれど、毎日毎日をじかに動物と接し、一緒に泣き笑いをする飼育係の生《なま》の話こそ、この雑誌の特徴たり得ると常に信じていたからである。

しかし、これは容易なことではない。飼育係たちの多くは、動物の飼育にかけては確かにベテランぞろいだけれど、鉛筆やペンをもつことは必ずしも得意ではないからだ。

それを可能にし、多くの飼育観察記事を定番に仕上げたのは、伊藤さんのもつやわらかなパーソナリティと、自然保護及び動物に関心のあるジャーナリスト有志の団体「動物の科学研究会」に所属するほどのこの分野でのキャリアの持ち主であったことがあろう。

東京農業大学農学部卒という経歴をもつ彼は、飼育係たちの仕事の内容についても、その微妙なニュアンスのようなものを理解することができたからである。彼に育てられた飼育係の「書き手」はかなりの数にのぼる。

その伊藤さんのために、『どうぶつと動物園』の編集スタッフたちが、この7月末、受賞祝賀パーティを開くという。多くの「書き手」たちに囲まれて、伊藤さんはまた、あのはにかんだような微笑みを見せるのであろうか。（1997・8）

パンダ回想

「昨日、誕生日だったんだ！」

「そうか、もう14歳になるのか」

トントンの前で家族連れが声高に話す。

6月2日の昼下がり、久し振りで上野動物園を訪れ、パンダ舎の観覧通路に立つ。ピカッ、ピカッとフラッシュがたかれ、思わず振り返ると、高校生とおぼしき一団がしきりに小型カメラを駆使している。写真撮影を阻止するガードマンの姿も、禁止の掲示板さえ見当らないようだ。

十年一昔と言うけれど、パンダを取り巻く状況も大きく変わったことを実感する。考えて見れば、私が上野動物園長の辞令を受け、都庁から真っすぐ動物園の中をくぐり、最初に出合った動物がトントンだった。奇しくも、トントンの1歳の誕生日に私は多摩動物公園から8年ぶりに上野に戻って来た、そのときのことである。あれからまさに13年の歳月が流れ去ったのだ。トントンは室内をせわしなく歩いているが、ぬいぐるみそのままの、当時の圧倒的な愛らしさは、その眼差《まなざ》しに片鱗《へんりん》を残すのみである。

「すっげい、パンダってでかいな」

「ホント、こんなに大きかったっけ」

おそらく体重は１００kgを超えているだろう。確かに、多くの人にとってこの大きさは、パンダという名前から受ける予想とはかなりかけ離れたものであるにちがいない。

そう思ってトントンを見ていると、にわかに目の前のトントンが１９７2年10月28日に初来日したパンダ、ランラン（蘭々）、カンカン（康々）の姿にダブって見えてきた。

あのときも、私たちパンダ受け入れチームでさえ、初めて見るランラン、カンカンの大きさに当惑したものである。もっとも、当時はパンダに関する情報は圧倒的に少なく、ベテラン揃いの飼育係でさえ、それまで実物のパンダを見た者は皆無だったのである。日本の動物園の飼育歴史の中で、パンダという動物の記録がまったくないのは当然だけれど、飼育に関する文献さえ国内にはほとんど見当らなかったのだ。

わずかに、私が１９６９年にロンドンの動物園で研修をしたとき、ここで飼われていたパンダの「チチ」（メス）を見ていたにすぎない。しかも、そのときのチチはすでに成獣だったこともあり、ランラン4歳、カンカン2歳という年齢がどの程度の大きさなのか皆目見当がつかなかったのである。想像できるのは、両手で抱けるほどの愛らしいぬいぐるみ人形の姿だけであった。

今、考えてみれば恥ずかしい限りだけれど、ランラン、カンカンの受け入れに当たった、検《けん》疫《えき》のための部屋を動物病院内に設け、周囲を新しいベニヤ板で囲ったのである。

パンダの愛らしいイメージからすれば、鉄檻の中に入れることなど考えもよらず、ましてや中国との国交回復のシンボル大使という肩書きの動物であれば、常設の検疫舎に収容することなど予想もしなかったのだ。

だが、到着したランラン、カンカンは、予想よりはるかに大きく、一緒に中国から付き添って来た飼育係は、病院の検疫場所を見るなり首を横に振った。こんなやわなものでは一晩でこわされてしまうというのである。

確かにそうにちがいない。来日当時のランランは体重88kg、カンカンでも55kgもあったのである。ゆうに、大人1人分の重さである。愛らしさに気をとられすぎて、パンダがクマの仲間であること、成長がヒトなどよりはるかに早いことを実感できなかったのである。

「あっ、ウンチだ」

「ホント、ふかしイモみたい」

白昼夢のようなパンダ回想にふけっていると、うしろから数人の子ども連れが背伸びをするようにして口々に叫ぶ。室内をぐるぐると歩き回り、壁ぎわに行くとグルングルンと首を回す得意のポーズを繰り返していたのだが、突然に立ち止まり少し腰をおとすと、パンダ特有のスタイルで脱糞《だつぷん》を始めたのである。

糞は相変わらずだった。ウグイス色の、さつまイモのような形の糞がいきむたびにコロンコロンと床を転《ころ》がる。この光景も何年ぶりであろうか。世は移り、年は変わっても、パンダの生理に変わりはない。当たり前のことだけれど、それが私の心を感動させる。

私の動物園生活は上野、多摩を合せて40年を超えるけれど、やはりパンダは特異な1頁ということだろう。

NHKが今年から始めた新番組に『プロジェクトX』というのがあり、これがそこに目をつけた。この番組は、すでにごらんになった方も多いと思うけれど、戦後の歴史に残る社会現象などを取り上げ、それを成就させた組織やチームワークに秘められた人間ドラマなどを描くものだ。日本初渡来、経験者皆無の中で始まったパンダ飼育チームの軌跡は、確かに『プロジェクトX』の題材にふさわしいものかもしれない。

取材を受けながら、あの日、あの時のことが徐々に脳裏に甦《よみがえ》ってくる。それまでバラバラになっていた記憶が取材質問されることでいつの間にか形になってくるのである。

私は、その形になったものを現実のものとして実感したくなり、この日、上野動物園の門を久し振りにくぐった。

「パンダさん、こっち向いて！」

「バイ、バーイ、また来るね……」

ひと頃とは比べようもないけれど、子どもたちにとってパンダはやはり人気者だ。何かしらほっとしたような気持ちになってパンダ舎を出る。初夏の薫風《くんぷう》がパンダ通路をさわやかに吹き抜けていく。

（2000・7）

Animals

パンダたちとの再会

・特別コーナーに展示中のパンダ「ランラン」

今年の春は、例年になく訪れが早いようだ。蕾《つぼみ》の膨らみ具合が気になる頃になると、なんとなく足が上野方面に向くのは、かれこれ半世紀も過ごした動物園の匂いが恋しくなるからであろうか。

それに、昨年の暮れから今年の4月にかけて、科学博物館と動物園の共催企画、「上野のパンダ全員集合」という特別コーナーを訊けているとあってはなおさらである。

何しろ、中国に里帰りした「ユウユウ」を除いて上野に関係したパンダたち全員が見事な剥製《はくせい》になって一堂に会しているというのだから凄い。

会場は、改装なった日本館中央ホール、折からの陽光を受けて色鮮やかなステンドグラスが美しく、高い天井とシャンデリアが風雅な趣をかもし出す。パンダという動物の展示背景としては、いささかの懸念もあったのだけれど、思いがけない効果を生み出しているようだ。

「いたいた！」私にとっては昔なじみのパンダたちが思い思いのポーズを取って、ガラスケースの中に収まっている。

動物の剥製というものは、生前、その動物に関わった者にとっては少なからぬ思い入れもあり、必ずしも平常心では見られぬものだけれど、ここの雰囲気はいささかちがうようだ。そこに集う人々の多くがこのパンダたちを知っており、まるで旧知に出会ったような、懐かしさの表情が真っ先に浮かぶからだ。

「ホントに可愛かったわ、あのときのカンカン、抱っこできるくらいに幼かったんですもの。それにしても、すごい人出、押し合いへし合いで一目見るのがやっとだったのよ……」

孫に話しかける初老のご婦人の脳裏には、生まれて初めてパンダを目にしたときの感激と興奮が、にわかに蘇《よみがえ》ってきたのにちがいない。カンカンとの再会の興奮がそのまま語調に現れているようだ。

そんな会話を耳にしながら、正直、私は安堵の胸をなでおろす。年代はちがってもそれぞれの人たちにそれぞれのパンダが生き続けているのだ。パンダたちは剥製になってもなおパンダであり、往時の姿を彷彿《ほうふつ》とさせてくれるのである。

考えてみれば、ランラン・カンカンが初来日したのは1972年、もう37年も前のことなのに、当時の人々の記憶は新鮮で、多くの人に共有され、その後のパンダファミリーにつながっているのだ。

動物園の動物は数多いけれど、やはりこれは特筆すべきものなのであろう。しかも、今回の展示が、科学博物館と動物園のコラボレーションなしには決して実現できなかったことを考えれば、その点でも大きな足跡を印したことになろう。この成功は、両施設の今後の連携発展の画期的な一里塚になるにちがいないからだ。

それを明瞭に示す展示の1つに、パンダの手の仕組みを示すユニークな解説ディスプレーがある。従来、パンダの手には「6本目の指」と称される指状の突起があり、それが主食の竹を操るのに適合したものだ、と信じられてきた。私などもパンダの習性解説では、疑いもなくその説を用いていたものである。

　しかし、パンダたちが動物園での役割を終えて科学博物館に移ったとき、ここで新しい役割を果たし、長らく信じられてきた従来の「6本目の指」説を修正するという世界的な貢献をしたのだ。

　パンダたちの第2の役割を見事にサポートしたのは当時、動物研究部研究員（現在、東京大学総合博物館教授）の遠藤秀紀氏であった。彼は、コンピューター断層撮影（CTスキャン）という新しい技術を使って、その謎に挑み、竹や笹を上手に操るのは、「偽の親指」と呼ばれてきた6本目の指のみならず、もう1つ小指側の手首にある副手根骨が「第7の指」として機能していることを突き止めたのだ。

　今度の展示では、これが標本と映像の両方でわかりやすく提示されており、結果として、生きた動物を展示する動物園、標本として第2の役割展示に貢献する博物館、そして両者に深く関わる大学の連携作業の重要性を図らずも実証しているように思われる。

「わー、こんなに小さいの!?」

　展示の一角から嘆声が上がった。日本で最初に生まれ、わずか2日の命で終わった「チュチュ・初初」の液浸標本の前だ。体重132g、体重165㎜、パンダの赤ちゃんサイズとしては正常だけれど、母親の90kgに比すれば確かに小さい。苛《か》酷《こく》な自然環境の中で育児をするこの動物の適応なのであろう。保存液の中で、チュチュはゆっくりと泳ぐように手足を伸ばし、まるで母親の胎内にいるかのような安らぎの姿であった。

　ランラン、カンカン、ホアンホアン、フェイフェイ、リンリン、トントンそしてチュチュ、再び会えて本当に良かった。

　そしてありがとう……。

（2009　3）

ユウユウとユウキ

この正月15日、久し振りに上野動物園不忍池西門をくぐった。年明けの月半ばにしては暖かく、池には氷のかけらもない。めっきり少なくなったカモと群れ飛ぶユリカモメに時の移り変わりを感じながら池畔《ちはん》（池のほとり）のウッドデッキを歩く。

1時過ぎ動物園ホールに着くと、開演までにはまだ1時間もあろうというのに、もうかなりの人が入口にたむろしている。今日は恒例の動物愛好会の例会の日なのだけれど、特別講演に佐渡トキ保護センターの近辻宏帰さんが予定されているので、それがお目当ての人が多いにちがいない。そう言えば、集っている人々の中にいつも顔なじみの会員のほかに、鳥の専門家とおぼしき人々がかなり混《ま》じっているように思う。

演題は『トキが空に舞う日』、いかにも初春にふさわしいテーマだけれど、それをより華やいだ感じにしているのは、昨年5月、日本で始めてふ化し、その後も順調に成育しているトキのイメージがみんなの脳裏に刻まれているからであろう。しかも、今日の講師である近辻さんはトキに関わり、トキの保護増殖に取り組んで32年、まさにトキの語り部として彼以外に今日のテーマを語れる人はいないと言って過言でない。その一語一語に32年の歳月が色濃く滲《にじ》んでいるにちがいないからである。

事実、あの「ユウユウ（優優）」がふ卵器の中で嘴《はしう》打ちを始め、転《ころ》がるようにふ化し、幼い叫びをあげたとき、近辻さんはインタビューに答えてこう言ったのだ。

「32年のトキ生活の中で最高の感激です！」

私はテレビを通じてその様子を拝見したのだけれど、その淡々とした話し方の裏に万感の思いが滲んでいるのを感じたのである。

それと言うのも、私自身、上野動物園の獣医という立場でトキの保護増殖に関わりをもち、その年月はほぼ近辻さんと一致していたからである。近辻さんが佐渡のトキ保護センターに若き鳥類専門家として着任した1967年、その頃私たち東京都の動物園スタッフも独自にトキ保護増殖のための研究を秘《ひそ》かに始めていたのだ。

1つの目的をめざしていた両者はすぐに関係をもち、それを深め、日本に残されたわずかなトキを保護し、増やすために綿密な協力関係をもつことになったのである。

1969年、私は東京都の海外研修生としてスイスのバーゼル動物園に滞在、ここでトキに近縁のホホアカトキが見事に人工増殖されているのを見て大いに勇気を得た。

トキの人工飼料の研究に一段と熱が入ったのもこのあとのことである。近辻さんは、私たちの研究の成果を実施につなげるため、センターにクロトキを飼い、いざというときのシミュレーションとして用意万端怠《おこた》らなかったと言ってよいであろう。しかし、現実は厳しかった。

1978年5月、野生のトキの卵3個を採取し上野動物園でふ化を試みるもいずれも無精卵だったし、国家的な事業として行なった1981年の野生トキ一斉捕獲（5羽）も、ついに1羽の増殖にも結びつけることができなかったのだ。

その都度、私たち保護増殖事業をサポートするグループも批判にさらされたけれど、当事者としての近辻さんの立場はまさに針のむしろだったのではあるまいか……。

しかし、そのことについて近辻さんが弱音を吐いたり、ディスペレート（やけくそ）になったようなそぶりを見せたことはただの1度もない。きっと期するところがあったのだと思う。

両親さえ正常であれば、今まで積み上げてきた技術は必ず活きるはずだ、と信じて疑わなかったのである。

そして、それが、ついに5月21日の誕生によって証明されたのだ。確かに両親は中国産のトキであり、中国トキ飼育専門家の協力も得たけれど、その増殖のプロセスは、ほとんど近辻さんがその長いキャリアの中で体得してきたものが具体化されたのである。それだからこそ、「32年最高の感激」と控え目な近辻さんをして言わしめたのである。

講演開始30分ほど前、近辻さんが控室に入って来た。私は立ち上がり、近辻さんはカバンを降ろしながら、どちらからともなく「ああ……」と言った。

万感が胸に溢《あふ》れて言葉にならないのだ。

実は、中国からのペアが繁殖行動を起こして以来、私たちは逢うことはもちろん、電話でさえも一言も言葉を交していなかったのである。これは周囲の人にとっては意外だったらしい。あれだけのトキとの関係の深さからすれば、もう2人は何回も連絡を取り合っているはずと思い込んでいる人が多かったのだ。

でも、それはちがう。トキを預かっていることの重みを思うと、現場に行くことなどはもちろん、声をかけることなど決してサポートにならないからである。私はあえて連絡を取らなかった。近辻さんは、きっとその意味をわかってくれるだろうと信じていたからである。

講演は素晴らしかった。一喜一憂の現場の息《い》吹《ぶき》が、そのまま会場を覆《おお》って人々の心にじっくりと滲《し》み込んでいった。この感動はトキのみにとどまらず、きっと日本の自然保護につながっていく芽をもっていると私は確信した。

「東京にいる娘に孫が生まれましてね。名前を『ユウキ（優帰）』ってつけたというんですよ……」帰り際、近辻さんがはにかむようにして言った。ああ、なんといい娘さん夫婦なんだ。私は胸が熱くなった。何よりも誰よりもいいご褒美《ほうび》を近辻さんはもらった！（2000・3）

コアラたちの25年

・コアラを抱いてご機嫌（オーストラリア・タロンガ動物園にて：1983年）

多摩丘陵は、秋の気配を漂わせながら、細かな雨に煙っていた。

振り返ってみると、今から25年前、コアラが多摩動物公園で初めて公開された日もこんな雨模様の日であったような気がする。

そう、2009年10月25日は、コアラが日本に初めてやって来てちょうど四分の一世紀。

多摩動物公園では、この日を記念して特別企画『コアラ来日25周年思い出・未来講演会』を開催することになり、私も基調講演、パネラーとして招かれたのである。

聞くところによれば、今日は昨年生まれの子どもコアラ「ミライ・未来」の満1歳の誕生日に当たるという。なんという偶然、僥倖《ぎょうこう》であろうか。

私に与えられた基調講演のテーマは『初めてコアラを迎えた頃――その前後事情――』。

当時、多摩動物公園で飼育課長をしていた私は、その迎え入れの準備から飼育まで深く関わったからである。

考えてみれば不思議な因縁と言うべきであろうか、今から40年ほども前、上野動物園にいた私は、浅野園長（当時）の指示を受け、上野動物園百周年記念動物としてコアラ導入の企画に参加した経緯があったのである。

当時、動き出していたオーストラリア政府の条件付コアラ輸出禁止解除の情報を得て、その必須条件であるユーカリ栽培の試行を計画したのだ。

　植物に詳しい浅野園長は、１９７１年6月4日、ユーカリの種子12種をオーストラリアから取り寄せ、ポットに播種《はしゅ》（たねまき）して育成を開始したのである。それらのユーカリは園内の各所に移植されかなりの大木に成長し、最近までその面影をとどめていた。

　ただ、この企画は、１９７２年、中国との国交回復を記念して世界的珍獣「パンダ」が「中国人民より日本国民へ」贈られることが電撃的に決定され、受け入れ先が上野動物園に決まったことで頓挫《とんざ》したのである。

　そして、私もまた、パンダ受け入れ飼育責任者として、ユーカリではなく竹の葉の調達に汗を流すことになったのである。

　しかし、因縁というものは不思議なもので、１９７９年、多摩動物公園飼育課長として転任した私は、奇しくも１９８３年、多摩動物公園でコアラの導入に深く関わることになったのである。

　両方とも背中に多くの期待を負った動物たち、パンダの経験はきっとコアラにも活かせるにちがいない、と当時、秘《ひそ》かに思ったものである。

　講演会場は、多摩動物公園ウオッチングセンター動物ホール、開演は午後1時半、午後は薄日も射すような天気になって、ほぼ満席となっていた。

　演壇に立つと、日本初めてのコアラの導入・飼育に共に携わった仲間たちの姿がチラホラと観客席にあり、一瞬胸が詰まる。共に過ごした頃の苦労がにわかに蘇《よみがえ》ったからである。退職し、職場を離れても、当時の記憶は一層鮮烈なのだ。

　１９８３年秋、コアラ導入の方針が決まって、私はコアラ飼育の先進国であるアメリカ・カリフォルニアに飛び、次いでオーストラリアを訪れて予備調査をした。

そこで痛感したのは、コアラ輸出に対するオーストラリア政府（州・連邦）の厳しい姿勢とコアラ研究に裏打ちされた輸出条件の的確さであった。

輸出先は、コアラ受け入れに対応できる施設、技術を保有すると連邦政府が認定する動物園でなければならず、ユーカリは最低6週間の試食テストに合格し、飼育員は最低1か月の現地研修を経なければならない、という厳しさであった。

とくに、コアラ1頭につきユーカリ樹はおよそ3千本が必要と言われたときには、正直狼狽《ろうばい》したことを鮮明に覚えている。

しかし、自国の代表的動物の輸出に、これほどまでに神経を遣うオーストラリアの態度に逆に共感を覚えたことも事実だ。

あれからもう25年、当日のシンポでは、新旧の飼育関係者が顔を揃え、その間に積み上げられた飼育の実績、アメリカに次ぐコアラ飼育国となった日本のコアラ事情等、多摩動物公園普及教育担当・唐沢瑞樹さんの軽妙な司会で和やかに進行した。

なかでも、現在の飼育担当・熊谷さんから、奇しくも当日に満1年の誕生日を迎えたコアラベビー「ミライ・未来」育児の神秘は鮮烈だった。育児嚢《いくじのう》（ふくろ）から顔を出したベビーが母親のお腹を揉《も》んで離乳食「パップ」をつくりだすという話だ。

また、コアラの命綱であるユーカリ担当の秋川さんの計画的栽培を可能にする裏方としての苦労など、パネラーとして参加した私自身も大いに堪能させてもらった。

会が終わり、会場を出ると、雨上がりの多摩の木々が紅葉への思いをこめてかすかに色めき、吹く風にコアラたちのメントールの香りが漂うようであった。

（２００９・12）

最後の先輩

・タイヤ遊びが好きだった「ジャンボ」

もうジャンボはいない。正面を入ってパンダ舎の前を通り、突き当たりのゾウ舎、その一角にもうジャンボの姿を見ることはできなくなってしまった。

6月28日、夜中の1時20分、ジャンボは老衰で静かに息を引き取ったのである。享年56歳であった。

目をつむると、ほかのゾウたちから離れて1頭だけ、半分眠っているようにうつらうつらしながら体を左右にゆらしていた姿が甦《よみがえ》ってくる。

最近のジャンボは老化の故もあって体全体に白化（皮ふが白く変色する）が目立ち、とくに鼻や顔に白さが増え、老化の影を漂わせていたのである。飼育係に聞いてみると、もう歯もほとんど機能せず硬い物は食べられない状態になっていたのだそうだ。石うすのような大きくて硬い歯で、パンダ食べ残しの竹を茎ごとバリバリと食べていた姿はもう昔のことになっていたのである。

56歳という年齢は、現在の人間の年齢に比較すればさほど長生きという感じがしないであろうけれど、実は50歳を超えられるゾウは、野生はもちろん飼育されているものであっても実に稀有《けう》な存在なのだ。

ちなみに、戦後の動物園を一緒に支え、戦後の人々に夢を与えた仲間のインディラというゾウも長寿ゾウとして有名だったけれど、亡くなった1983年8月11日で推定49歳だったのである。現在、国内のアジアゾウで50歳を超えるものは、井の頭動物園のハナコ（推定52歳）、神戸市立王子動物園のスワコ（諏訪子・推定57歳）ぐらいのものではないだろうか。考えてみれば人間の寿命でさえ、つい最近まで「人生50年」と言われていたのである。

ジャンボが亡くなって、上野動物園では私よりも先輩になる動物はまったくいなくなってしまった。私が上野動物園に就職したのが1952年4月で、園長を最後に退職したのが1990年だが、1952年以前に上野動物園に飼育されていた動物で退職時に元気だったのは、チンパンジーのビルとゾウのジャンボだけだったのである。

退職のとき、アイサツに行くと得意のジャンプをしてくれたビルもすでに亡く、唯一、ジャンボだけが先輩動物だったのである。言うならば、ジャンボだけが、私と上野動物園の動物たちを結ぶ血の通った先輩だったのである。

だから、上野動物園の正門を入って突き当りのコーナーを占めるジャンボの姿は、そこにいるだけで安心感を与えてくれた。その姿を見るだけで心が和み、上野動物園全体がなんの抵抗感もなく、すっと体の中に同化していくような感覚を与えてくれたのである。

ジャンボからは、最も多くのことを学んだような気がする。夜、寝るときにジャンボと共にゾウテントの下に簡易ベッドを仕立てての就寝は、ゾウの夜の生活をまじかに見る機会を与えてくれたし、ゾウ飼育係で一緒にテントで就寝する落合さんから聞く飼育係の寝物語も珍しくてためになり、新米獣医としては役立つ情報がたくさん含まれていたからである。

「あっ、おかしいぞ！」。テント下で一緒に寝ていた落合さんが朝早くに突然毛布をはねのけてジャンボの所に走っていったことがある。ジャンボは鼓張症《こちょうしょう》という、おなかにガスのたまる病気にかかっており、発見が遅くなれば命取りになりかねない重症であった。

早期の手当が効を奏して事なきを得たのだけれど、それにしてもなぜあんなに早く気づいたのか不思議であった。

「匂いだよ、匂い。ゾウは寝ている間も腸が活動して消化しているから、ひっきりなしに放屁《ほうひ》し、朝方になるとテント下の空気はその匂いに充満しているのがふつうだ。ところが、今朝の空気はいつになく澄んでキレイだ。これは何かが起こった証拠だと思ったのさ」

飼育係は、赤ちゃんの面倒を見る母親のように、その生活のすべてを見ており、少しの変化でも決して見逃さないのである。それでなければ、野生から人間の世界に連れてこられ、まったく異なった環境で生活する動物たちを健康に飼育することはできない。

言われてみれば、落合さんは、毎朝、テント下を掃除するときも、まるで、ラグビーボールほどの大きさの糞塊《ふんかい》を両手で捧げもち、パカッと2つに割っては仔細《しさい》に中の消化状態を調べ、匂いをかぎ、約50個の糞を1つ残らず目を通すのが日課だった。また、ジャンボの大きな腹に耳をじかにつけ、中の音を聴くのも日課だった。

「おーお、いい音だ。腹の中で雷さまが鳴っている。今日も元気だ！」

その落合さんも今はいない。１９６7年4月に名飼育係としての一生を閉じたからである。

ジャンボは今、落合さんと再会して、どんな会話を交わしているのであろうか。

（２０００・10）

初代ゴリラたちの終焉

・コップで水を飲む「ウィリー」（福岡動物園にて：2010年２月７日）

　昨年の暮れから今年の正月にかけてゴリラたちの訃報《ふほう》が相次いだ。日本のこの地で半世紀を生き抜いた初代ゴリラたちの終焉《しゅうえん》である。

　最初の知らせは、昨年、暮れも押し詰まった12月の30日、名古屋・東山動物園のオキ（ニシローランドゴリラ・メス）が、その日の午前11時50分、老衰により息を引き取ったというものであった。記録によれば、オキは１９５６年アフリカ・カメルーン生まれ、１９５９年９月８日に東山動物園に入っており、年齢は死亡時53歳、日本の動物園ゴリラでは最高齢、世界的に見ても世界最年長と言われるアメリカ・コロンバス動物園のコロ（メス）と肩を並べる稀《まれ》に見る高齢であった。

　この訃報は、日本の動物園界にとってても残念なことであったけれど、私自身にとってても種々の感慨を呼び起こす出来事となった。それと言うのも、オキが東山動物園に入る2年前の、１９５７年11月17日に東京・上野動物園に初めてゴリラ3頭が同じくカメルーンから入園しており、私が担当獣医として飼育を担ったからである。

　当時、ゴリラの飼育について動物園での積み上げは乏しく、世界的にも貴重なゴリラを預かって日夜苦労したことがつい昨日のことのように蘇《よみがえ》ってきたのだ。それだけに、世界最高齢に達する高齢を成就させた東山動物園飼育現場の成果に、今さらのように敬意の念が沸き起こってくる。

とくに、年老いたオキが、東山動物園の群れの中で生まれた子どもゴリラ・アイ（母親・ネネ）を孫のように可愛《かわい》がり、背中に負ぶって散歩する姿は、まさにゴリラ家族の真髄《しんずい》を見せていたのではないか、と思ったものである。

もちろん、ここに到着するまでには、飼育方法についての試行錯誤もあり、それについての毀誉褒貶《きよほうへん》もあった。とくに東山動物園初代ゴリラ飼育担当者・浅井力三さん（故人）は、オキをはじめとする3頭のゴリラを引き受け、彼独自の飼育哲学を実践した。それは、「ゴリラを理解するためには自分がゴリラになる」、「幼いゴリラの親代わりになる」という現場主義であった。そのためには、一緒に寝、一緒に食べ、一緒に遊ぶという、徹底したもので、まさに彼は東山ゴリラ群のボスであり、保護者となったのだ。

結果として、ゴリラたちは彼になつき、彼の指示によく従い、病気になったときなど、彼の指示のままに苦い薬も迷わず飲むようになったのである。この親子のような飼育スタイルは、彼の思惑とは別に一般の入園者の人気を呼び、その延長線で「テーブルマナー」や「ラッパ吹き」など、いわゆる東山名物「ゴリラショウ」へと転化した。

あれから半世紀、今、ゴリラの飼育方法は群れ飼育、環境エンリッチメントへと大きく変わり、浅井式のスキンシップ方式は過去のものとなったように思われる。しかし、方式はどんなに変わろうとも飼育するものと飼育されるものという垣根を乗り越え、人と動物が共感し合う場の創出にとって、浅井方式は決して無視できないヒントを含んでいるのではあるまいか。

新年早々の２０１１年1月16日午後6時、もう１頭の初代ゴリラ、福岡動物園の「ウィリー」（オス）の訃報が届けられた。ウィリーは、１９６７年に当時推定2歳で動物園に入り、以来、飼育期間43年３か月、東山動物園の「オキ」（メス）に次ぐ高齢ゴリラであった。

一般に、ゴリラの寿命は40年～50年と言われるが、野生でも飼育状態でも40年を超えることは稀有《けう》と言われる。それだけ近年の飼育技術が急速に向上し、日本の動物園もその成果を現場に活かした結果と言うことができよう。

ゴリラは、「やさしい巨人」と言われる。ウィリーもまた年を重ねて動きもゆったりとし、往年の機敏さはなくなったけれど、運動場に出ると水槽のそばで腹ばいになり、取っ手のついたコップでゆっくりと水を飲む仕草《しぐさ》がいかにも「人間臭さ」を感じさせて人気であった。

一昨年、秋口に福岡動物園を訪ねてみると、ウィリーは、相変わらず水槽のそばに腹ばいになり、水を掬《すく》ってはゆっくりと口に運んでいた。夕日を受けて水紋が緩やかに広がり、薄紅色に染まった口唇に運ぶコップの端から糸を引くように水滴が零《こぼ》れ落ち、きらきらと光っていた。

見ていると、水を求めて飲んでいるというよりも、水をコップで掬い、口に運ぶという、その仕草自身を楽しんでいるのではないか、と思われたのである。報道によれば、東山・福岡両動物園とも園内に献花台を置き一般市民の弔意に応えたという。

その一方で、昨年は上野動物園生まれのゴリラ「モモタロウ・２０００・7生」が、京都動物園に婿入りしたという嬉しいニュースもあった。動物園の新旧交代はつつがなく進んでいるようである。

（２０１１・３）

『かわいそうなぞう』ふたたび

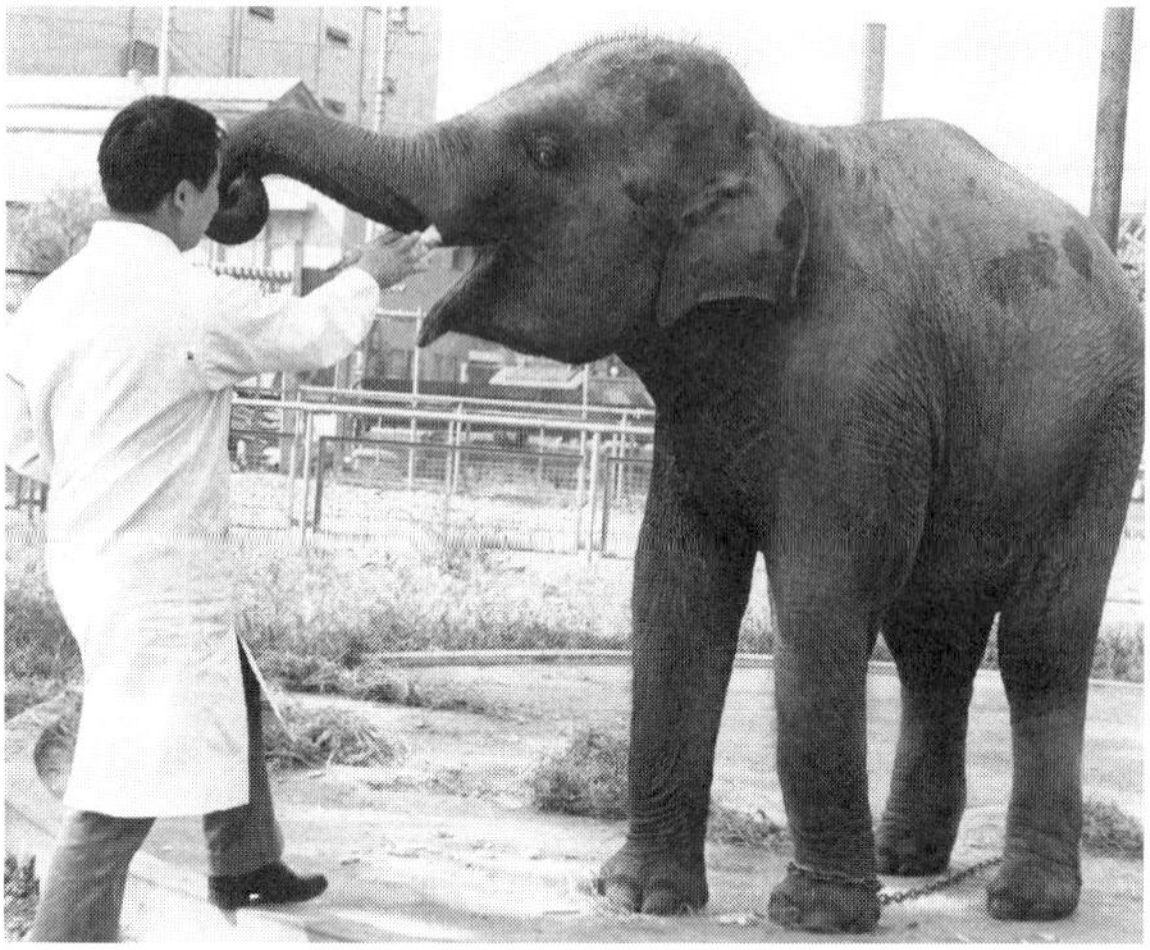

・ゾウの口の中を診る

心待ちしていたラジオ放送であった。

東日本大震災という未曾有《みぞう》の自然災害の猛威の中で、戦後66年、戦争の惨禍は遠い記憶になってしまったような気がする。

心待ちにしていたのは、その記憶を決して風化させてはならないという老婦人の執念のような思いが、今日、8月31日朝、ＮＨＫラジオ「ラジオビタミン・ときめきインタビュー」で生放送される予定だったのである。

その人の名は秋山ちえ子、１９１７年1月12日生まれ、当時95歳という高齢ながら、いまだに戦争の悲惨さ、平和への祈りをラジオの生放送を通して訴え続けている稀有《けう》な存在だ。

ラジオ生活60年、戦中戦後の激動期を過ごした私たち世代にとって、１９５７年からスタートしたＴＢＳラジオの「秋山ちえ子の談話室」は、今に言う万人にわかり易い時事解説として圧倒的な人気を博したことも記憶に新しい。

しかし、なんと言っても、多くの人々を魅了し、とくに私たち動物園人にとって忘れがたく、耳朶《じだ》（耳たぶ）に染み込んでしまった放送は、談話室の中で毎年8月15日の終戦記念日に朗読された『かわいそうなぞう』の物語であろう。

この物語は、作家・土屋由紀雄さんによって書かれた子ども向けの話ではあるけれど、東京上野動物園で終戦末期、実際にあった話をもとに書かれたものであり、昭和27年4月に上野動物園に就職した私自身、最後の飼育を担当した菅谷さんや渋谷さんと職場を共にしたのである。

それだけに、秋山さんの朗読の印象は深く深く心に染みた。その朗読が淡々と語られれば語られるほど、その裏にある先輩たちの苦衷《くちゅう》が大きく心を揺さぶったのである。考えてみれば、それはどんな反戦運動、どんな平和運動よりも、激しくも切ない魂の叫びのように思われたのである。それだからこそ、「談話室」が終了しても「大沢悠里のゆうゆうワイド」に引き継がれ、ＥＰＩＣレコードによりＣＤ化されるという広がりを見せたのにちがいない。


「ああ、大変残念なのですが、本日、この番組に出演される予定でした秋山ちえ子さんは、出られなくなりました。昨日までお元気で出演を楽しみにされていたのですが、今朝、めまいがあり、大事をとって……」

私もがっかりして思わず腰を落とした。しかし、その直後に放送された最近の録音による『かわいそうなぞう』は、90歳を超えている女性の語りとは思えない情感に溢《あふ》れたものであった。そのあふれ出る思いを意識的に抑えた淡々たる口調が、むしろ逆に聞く人の心の深層に迫るのだ。

「やはり、思いは年月を経ても変わりなく伝わるものですね……。私が沖縄の『さとうきびばたけ』を一生歌い続けようと思うのも、秋山さんの思いと同じだと思いますわ」

その日、同番組に出演しておられた歌手の森山良子さんが、感慨深そうに言った。森山さんと秋山さんは以前から親交があり、気の置けない お仲間なのだという。確かに、森山さんの歌う『さとうきびばたけ』の歌詞、あの繰り返されるフレーズ「ざわわ　ざわわ　ざわわ……」には、沖縄の悲しみ、戦争の無情さを伝える無言のメッセージが込められており、秋山さんの語り継ぐ『かわいそうなぞう』への想いと通じるものがあろう。

「大丈夫ですよ、秋山さん。きっと元気になって、また、『かわいそうなぞう』を語ってくれますわ……ねっ」。森山さんが、この放送を病床で聞いておられるであろう秋山さんに語りかけるようにおっしゃった。私もラジオの前で思わずうなずいていた。

それは、どんな反戦運動よりも、どんな政治家の言葉よりも、人々の心の中に染み入って、再びあの戦禍を繰り返さないという思いを一層強くするにちがいないと思った。

そして、上野動物園の正面玄関を入り、パンダ舎を過ぎて突き当りのゾウさんたちのお城、そして、その向かって右側にある「動物慰霊碑」前の光景が鮮やかに蘇《よみがえ》った。

「みなさん、さあ、『かわいそうなぞう』たちが眠っているところですよ。ホラ、たくさんの千羽鶴が掛かっているでしょう……」

小さな手を合わせ、頭を垂《た》れる子どもたち。

「ぞうさん　ゴメンナサイ。わたしたち二度と戦争はしませんから！」

「どうぶつはみんな友だち、仲よくしてね、きっとだよ」

千羽鶴に添えられた短冊の1つひとつに文章と絵がぎっしりと書きこまれ、夏の陽ざしの陰で揺れている。この光景が続く限り、秋山さんや森山さんの想いは、きっと届くであろう。

真夏の空が抜けるように碧《あお》い。

（2011・10）

古代ゾウ化石発見

・古代ゾウ化石と発見者の星加夢輝君（写真提供：茨城県自然博物館）

「とても素敵なニュースがあるんですよ！」

昨年の暮れ、久しぶりで訪問した茨城県自然博物館で、学芸員が顔をほころばせるようにして言う。

東日本大震災では、甚大な被害は幸いにしてなかったことは聞いていたけれど、それにしても随所にその影響は隠れようもなく表れていたし、入館者数も例年のようにはいかない、と聞いていただけに、その明るい表情は意外であった。

怪訝《けげん》そうな私に、彼はかぶせるように言った。

「そうですか、まだ聞いていませんでしたか……やはり。ほら、これですよ！」

彼は、手にしていた新聞のコピーを目の前に広げて見せる。２０１１年12月16日Ａ判、地元紙では随一の茨城新聞の一面トップ、写真入りの大きなニュース記事であった。

早速、読んでみると、水戸の葵陵高校に通う2年生、星加夢輝《ほしかゆめき》君が、２０１１年12月11日、日頃から地質調査の地域にしている県内の調査地で、なんと１６５０万年前の古代ゾウの化石を発見したというのである。

確かに、この発見記事は、暗く嫌《いや》なニュースばかりの昨今の中では、年末にもたらされた久しぶりの明るいニュースであることは間違いない。しかも発見者が高校生であったことも、目を洗うような清新な感覚で読者に受け取られたことも間違いあるまい。事実、翌17日の茨城新聞のコラム「いばらき春秋」では、この発見をわが国の恐竜発見史上画期的と言われる１９６８年のフタバスズキリュウの発見者・鈴木直さんの偉業と並べている。発見当時、鈴木さんもまた高校生だったのだ。

確かに、この発見時の星加君の調査対応は、高校生とは思えないほど冷静で理に適《かな》っていたように思う。学芸員に聞くところでは、星加君は、日頃の調査地である常陸太田市野上の崖地で堆積岩についての調査中に露出しているこの古代ゾウの頭蓋化石を発見したのだ。

驚くのは、これらを発見したときに、功を焦《あせ》ってやみくもに掘ってしまうことをせず、彼は、それがなんらかの価値あるものとしての認識を先行させ、それ以降の進展を専門家のいる茨城大学、茨城県自然博物館に連絡、その進展を見守ったことであろう。

事実、その結果が、この化石こそわが国では今から約１７００万年から１６００万年前に生息していた古代ゾウ・ステゴロフォドンの化石であることが判明することにつながったのだ。

この古代ゾウの化石は、日本国内では山形県、宮城県、福島県、富山県などでも発見されており、茨城県でも臼歯《きゅうし》や下顎骨《かがくこつ》の1部が発見されているが、今回の化石ほど整ったものは例がないという。

それだからこそ、今回の発見は、たんなるお祭り騒ぎではなく、古生物学上も大きな貢献のできる内容をもち、そのもたらす科学的な意義はとても大きいと言うことができよう。

それにしても、この化石を発見し、その意義の大きさを感知し、必要な連絡を取って、見事な研究へとつなげた星加君の態度は、どこから生まれたのであろうか。

このような活動に理解を示し、その後押しを行なってきた家族の存在はもちろんのことながら、茨城県自然博物館の館長や学芸員をことのほか喜ばせ、昨年掉尾《とうび》（最後）を飾るビッグニュースと意識をさせたのは、もう1つ、この高校生が、茨城県自然博物館のジュニア学芸員であるという事実であろう。

ジュニア学芸員という制度はまだ耳新しいかもしれないが、茨城県自然博物館では、2001年6月からこの仕組みを立ち上げ、すでに認定済みのジュニア学芸員の累計は136人に達し、今年も24人が活躍中だという。

この制度は、自然や環境についての関心が高まる中学、高校生の時代に、受験に追われ、せっかくの機会を心ならずも逸してしまうことに危機感をもった自然博物館が、他館に先駆けて設置した新しい仕組みだ。

自然科学に興味のある中高生なら誰でも応募は可能、最初の1年は、「標本作成講座」や「化石採集、クリーニング実習」などを含め、観察方法、資料の整理の仕方から成果の発表方法までみっちり学習して晴れてジュニア学芸員として認定となる。2年目は、それぞれが自分に合ったテーマを見つけて活動計画を立て、博物館学芸員から専門的なアドバイスを受けて館内外で活動、毎年3月の「活動報告」につなげるという仕組みだ。

もちろん、星加君もその有力メンバーの1人だ。

私は、世紀の発見という古代ゾウの研究成果の今後も楽しみだけれど、未曾有《みぞう》の災害と言われる年に、ジュニア学芸員の若い力が花開いたことに心がジンと熱くなるのを感じていた。

（2012・3）

ヒアシンス忌

・文学青年だった頃

あいにくの天候だった。

季節外れの冷たい雨が降り、突風も吹き荒れて、交通機関が各所で乱れるという春の嵐。

3月31日、この日、私は千代田線・根津駅を降り、水月ホテル鷗外荘に向かう。このホテル、道を挟んで反対側はすぐに上野動物園、私がほぼ半世紀を過ごした古巣が目の前だ。

ホテルに着き、傘をすぼめると、懐旧の念がにわかに胸の奥底から湧《わ》き上がってくる。

新しくオープンしたホッキョクグマ舎の一部が塀越しに見え、動物病院の屋根が覗《のぞ》く。あの辺には、かつて、上野動物園園長として名高い故古賀忠道氏の公邸があり、そのすぐ隣に就職間もない私が転《ころ》がり込んだ従業員宿舎（独身寮）があったはずだ。

「あ、中川さんですか？　今日は天候が悪い中、ご苦労様です」

思い出に胸を熱くしていると、ホテルロビーで待ち合わせてくださった、本日の「風信子忌」（ヒアシンス忌）の主宰者・宮本則子さんと学芸員・詫摩祥江さんが迎えてくださる。

ヒアシンス忌は、言うまでもなく24歳8か月という若さで夭折《ようせつ》した詩人・建築家の立原道造（1939年3月29日没）の命日。この日を機会に、彼に思いを寄せる人々が集い、偲《しの》び、語る催しが行なわれるのだ。その会場が、ここ、上野池之端水月ホテル鷗外荘。

私は、今回の、この集いに講演会講師として依頼されていたのである。

振り返ってみれば、私と立原道造作品との出会いは、もう半世紀をはるかにさかのぼる。

動物園獣医師を目指して、宇都宮高等農林専門学校（現宇都宮大学）に通っていた頃、ふと立ち寄った古本屋の一角で『詩学』という雑誌を手に取ったときに運命の出会いがあった。彼の全集刊行の予告があり、その片隅に小さな一つの誌『のちのおもひに』が紹介されていたのだ。

それは、まさしく衝撃としか言いようのない出会いだった。

矢も楯もたまらず、アルバイトで稼いだ金をポケットにねじ込んで上京、真新しい全集（角川書店・昭和25年11月初版）を胸に抱いた。不思議なことに、その感激は今も変わっていない。

それだけに、１９９７年3月29日の彼の命日、上野動物園からほど近い弥生の地に「立原道造記念館」がオープンするというニュースほど私の青春の血を騒がせた出来事は絶えてなかった。

しかも、このニュースを新聞切り抜きと一緒に届けてくれたのは、かつて古賀上野動物園長秘書を務め、独身寮の住人でもあった友人だった。

彼は、私が立原道造のファンであることを覚えており、埼玉県住人の私のために都内版記事の切り抜きを送ってくれたのである。

記念館の入り口を入ったあの日の感激は今でもはっきりと覚えている。開館記念特別展は「ふるさとの夜に寄す」、エントランス壁画の設立記念プレートは、夭折の詩人を悼《いた》んだ三好達治の哀悼詩『暮春嘆息』。

私は、その日から当然のことのように「立原道造の会」の会員となった。

そして、最も嬉しかったことの1つは、私が居住している埼玉県に、立原道造の詩の魂と建築家としての魂が重なり合い、響き合う建築物が実際に出来上がったことだ。

その名は、さいたま市別所沼公園の「ヒアシンスハウス（風信子荘）」。

道造自身が「浦和に行って沼のほとりに、ちいさい部屋をつくる夢」と言っていた、彼自身の設計になる建坪5坪に満たない小さな、小さな、まさに夢のような建物が現実になったのである。

建物の小さな窓から別所沼が見え、水面に映るヒマラヤシーダーのゆらぐ影と水面を流れる雲を見ていると、道造の思いを共有するような不思議な感覚にこころが満たされるのだ。

そして最も悲しい出来事は、あの「立原道造記念館」が、2011年2月20日、ついに経営難のゆえに閉館せざるを得ないという事実であった。

2011年はわが国に博物館法が施行されてちょうど60周年、その祝賀ムードの真っ只中で、こんなにも人の心に深い影響を与え、こんなにもやさしい日本人の魂を詠《うた》った詩人の館が閉館の憂き目に遭うという現代日本文化の底の浅さが口惜《くや》しかった。

そんな思いをこめて、私は、今回のヒアシンス忌の記念講演のテーマを「冷たい科学と温かい科学」とさせてもらった。

科学万能、経済優先の現代であればこそ、その底流に「限りないやさしさ」が必要であり、私の中で道造は、その原点であったからである。

会が終わって懇親会、道造ゆかりの人々やファンの方々との交流に心が癒《いや》される。1つの希望は「立原道造の会」が今後も存続、道造の「こころ」を伝えてゆくという決定であろうか。

（2012・5）

第3章

Animals

自然

自然を観る眼

・タウン誌「うえの」で幸田文先生と対談

月日の経《た》つのは早いものである。

幸田さんがお亡くなりになってちょうど1年になる。秋の深まりと共に、なんとなく先生のお姿を想い出していたとき、1冊の本が幸田文さんの娘の青木玉さんから届いた。

幸田文さんの遺作である。開けるのももどかしく包装をといてみると、本の題名は『崩れ』（講談社刊）。

読み始めて途中でやめられず一気に読み終え、また繰り返して読んだ。今まで、山の崩壊という自然現象を、こんな風に見た人がかつてあっただろうか。

それは確かに1つのルポタージュにはちがいないのだけれど、感覚器官としての肉体的な目で見るというよりも、肉体を越えた心の目でとらえ、崩壊が生みだす山の悲しみやうめきを感じとり御自身に同化されているもののように思われる。

踏査をされる前に、たくさんの文献を読まれ、現地からの資料も取り寄せられて研究もされたそうだけれど、それはほんの入口、山の本《ほん》音《ね》を聞きたいための予備的なものにすぎない。

本当の踏査の目的は、それらをはるかに越えた幸田さんの心と、山の心とのぎりぎりの対話ではなかったか、という気がするのだ。

事実、この踏査行の起点ともなった安倍峠（静岡県と山梨県の県境）への旅行で、安倍川支流の「大谷崩れ」を直接御覧になったあとの思いを次のように綴《つづ》られている。

「――あの山肌から来た愁いと淋しさは、忘れようとして忘れられず、あの石の河原に細く流れる流水のかなしさは、思い捨てようとして捨てきれず、しかもその日の帰途上ではすでに、山の崩れを川の荒れをいとおしくさえ思いはじめていたのだ――」

72歳という年齢もさることながら、都会育ち、お嬢様育ちの幸田さんにとって、山、しかも山崩れを起こすような激しさを秘める山は生《なま》半可《はんか》な気持ちではとても登れない。安倍川、姫川、松之山、大谷、大沢、鳶《とび》など、日本の崩れの現場を次々と踏査される姿はある意味で業《ごう》とでも言うほかないような気がする。

幸田さん自身「――因果なことである。なぜこんな年齢になってから、こういう体力のいることへ心惹かれたのか、因果というほかない――」とおっしゃっているほどなのだ。

和服以外はほとんど着たことがない、という幸田さんが、きゅうくつなズボンをはき、なじみ難い着心地《きごこち》に辟易《へきえき》しながら山を登る。時には、人の背に負われて山を登り降りる。とてもたんなる興味などというレベルでは理解し得ないものであろう。

それだけに、この本にも書かれた文章の1行1行が読む者の心のヒダに食いこむ。あばれ川とののしられ、崩れ山と呼ばれる自然の、それゆえの悲しみやいとおしさが行間からにじみでる。

山も川も、そしてそこに住む人たちも、なんとやさしく受けとめられていることか。

私は、この本を手にしたまま、しばらくの間は椅子を背に立ち上がれないでいた。

昭和30年代のことだったろうか。この『うえの』に先生が動物のことを執筆されることになって、私と西山登志雄氏（現東武動物公園長）が、上野動物園の動物のことをお話しする機会を与えられたのである。

若い2人がとりとめもなく話す動物のことを幸田さんは端正な居ずまいのままで、時々小さな相槌《あいづち》を打ちながら、さらさらとメモをされている。

一瞬、言葉が途切れたとき、幸田さんが突然思いがけないことを呟《つぶや》くように言われた。

「クマの足の裏って、なぜなんなにかわいいいんでしょうね」

意表をつかれる、というのはこんなことを言うのであろう。私はいささかとまどった。

毎日のようにクマを見ているはずなのに、足の裏などしみじみと見た記憶がなかったからである。

しばらくして、私は偶然に幸田さんの言う意味が実感としてわかる機会をもった。

夏の午後、運動場の止木《とまりぎ》の上で、両足をだらりと下げて寝ているマレーグマの足の裏を見たのである。

確かにおっしゃる通りだった。

ハート型のぷっくりと盛り上がった黒い足裏は、圧《お》せば柔肌《やわはだ》の弾力があるように見え、その先端にてんてんと並ぶ5つの趾球《しきゅう》は、そのまこぼれ落ちそうに頼りない。

まさに、ヒトの赤ちゃんの足の裏のようであった。

「それにしても！」私は思わず唸《うな》った。

今まで、どれほどの人がクマを見ているかわからないけれど、かつて、足の裏が可愛いと言った人がいるであろうか。

崩れ、の現場に注がれた幸田さんの限りなくやさしい目と、動物たちを見るときの、あのやさしい視線はどこかでつらなっている、と私は改めて思ったのである。

（1991・12）

アクアワールド

・アクアワールド大洗水族館タッチプールの高円宮妃殿下

「出会い」という言葉がある。

人と人との出会い、人と動物との出会い、幸運や悲運との出会いなど、この言葉には、そこから何かが生まれ、何かが変わっていくような、そんな響きがある。森羅万象、分子レベルの話から生臭い人間社会の現象まで出会いがなければ何事も始まらないからである。

この3月、茨城県大洗町にリニューアルオープンしたアクアワールド・大洗水族館は、この「出会い」を水族館の主要なテーマにしたユニークな水族館と言ってよいであろう。

3月20日、高円宮・同妃両殿下をお迎えしての開館式典に私も新水族館基本構想委員の1人として参加したが、やはりこの水族館のテーマには「出会い」がふさわしいことを改めて実感した。

新水族館の眺望室から眺める大洗の海は、まさにその沖で黒潮と親潮のぶつかるところ、そして交わるところ、「潮目」と呼ばれるその境界線は人目にも1本の筋目となってそれとわかることで有名なのである。

また、日本列島のほぼ真ん中、「く」の字の突出した部分に位置する茨城県は日本一長い海岸線をもつことで知られ、南限、北限の動物や植物が多く見られることで学問的にも独特の地域なのである。言うならば、南と北の出会いの場と言ってよいであろう。

このような海域には動・植物プランクトンが豊富に発生するため、これを食べるイワシなどの小さな魚が群れ、それを追ってマグロなどの大型魚が集まり、そのおこぼれにあずかろうとして海上にはカモメなどの海鳥たちが集団をつくるのである。

この海鳥集団は遠くからでもそれとわかるので昔の漁師たちは、これを「鳥山」と呼んで漁場の目印として活用したという。潮目の出合いは、プランクトンから魚の群れ、そして海鳥集団までの関わりを食う食われるの関係、即ち、食物連鎖という生物相互関係として如実に見せてくれるのである。

この特徴的な海は茨城県に日本有数の漁場を提供すると共に、海を科学する場としても絶好の位置を占めるのである。

潮風に髪をなぶられ、潮の香に鼻粘膜を心地良く刺激され、油照りに光る海を見ながら、この土地に水族館を計画したことの意味の重さ、「出会い」をテーマに選んだことの先見性を改めて思った。

高円宮さまがお言葉の中で、海と日本人の関わりの深さを強調され、アクアワールド大洗水族館に対して「海のしくみや環境保護などのさまざまな情報を発信する世界的なセンターになることを期待する」と述べられたのは、新しい水族館への期待もさることながら、水族館の現代的意義を背景にしてのことではなかったか、と私は思った。

それというのも、20世紀後半になってから水族館や博物館に対する社会的な見方は大きく変わったからである。

従来は、陸棲動物である人間とは異なった世界に住む水棲動物たちを見せるユニークな施設として出発し、どちらかと言うと娯楽的色彩の強かった水族館が、新たな海の科学の場、新たな自然の学習の場としての機能を求められるようになったからである。

ここ10年来、日本各地で水族館のリニューアルや新設が相次いでおり、私も昨年の夏にそのいくつかを見学してつとにその感を強くした。

名古屋港水族館のようにウミガメの研究を前面に押し出し、研究の場としての水族館をアピールする傾向、下関水族館のように多くのフグを飼育展示し、その地域性を強くアピールする傾向、葛西臨海水族館のマグロ、福島・アクアマリン水族館のイワシ展示のように独自の研究成果を展示に活かす方向、などさまざまな展開が見られるのである。

これらの特徴ある新型水族館の中でアクアワールド・大洗水族館が「出会いの場」をメーンテーマに選び、この海域独特の親潮・黒潮の出会い、海と川の出会い、そして人と海との出会いを強調したのは地域密着型の最近の傾向を示すものとして注目されよう。

さらに、いつでもどこでも誰でもが自由意志で選択し、学習することのできるいわゆる、生涯学習社会の中で、その市民需要に応えようとする博物館要素を取り入れたアクアミュージアム的展示展開は未来志向型として評価されてよいであろう。

そこには企画展示室など従来の水族館では重視されなかった博物館的手法が取り入れられ、子どもたちが体験を通して学ぶ科学館的要素もあわせ用いられているからである。

荒さで知られる大洗の海もさすがに春の海、白兎が走る、と表される波が遠く近くゆったりとしたムードできらめいている。

（2002・5）

ハチと学者と子どもたち

・特別講座の奥本大三郎さん（右）と山根爽一さん（左）

「私の家をファーブルの家そっくりに改造してしまおうと思っているんですよ……」

5月1日、木々の緑がそのまま流れこんでくるような自然博物館の応接室で、その雰囲気に触発されたように奥本大三郎さんが言った。

この日、博物館では、折からの企画展・ハチたちの1億年にちなんで、特別講座『ファーブルとハチ』を催すことになっており、その講師としてハチの研究家・茨城大学の山根爽一先生と共にフランス文学の専門家でありながらファーブル研究者としても名高い奥本先生にも参加していただいていたのである。

「そう、私たちは、自然と語り、自然と共に歩むファーブルの生き方が今こそ地球に生きるすべての人間にとって必要だと考え、『日本ファーブル会』を立ち上げ、奥本先生には会長になっていただいているんですよ……」

奥本先生と一緒に来られていた横尾貞之さんが横から言葉を添えた。名刺を拝見するとNPO法人、日本アンリ・ファーブル会理事とあった。

そう言えば、奥本先生はつい最近、日本昆虫学会を立ち上げ、自ら会長に就任したばかりということなので、その尽きることのない昆虫界への情熱にはまったく恐れ入ってしまう。

このNPOは、ファーブルの生き方を1つの理想像として、子どもたちの自然への健全な感覚を養い育てることを目的として活動しており、その1つの手段として始めたファーブル検定が今人気なのだという。

カブトムシやクワガタ、チョウ、トンボなど10種類から好きなものを選択、実際の観察に基づいてリポートを書くという方式だが、テレビゲーム万能の社会風潮へのアンチテーゼとして注目されているのであろう。

会長である奥本さんの家の改造もその象徴的な事業の1つなのであろうか。事実、奥本先生の話では、完成後は一般にも公開する予定だというのだから、その思い入れは半端《はんぱ》ではない。

先生たちを案内して講演会場のホールに入ると、いっぱいのお客さんでむせ返っていた。家族連れが圧倒的に多いのはファーブルというテーマもさることながら、先生の人気であろうか。

正直言ってハチという、どちらかと言うとマイナスイメージのある昆虫のイベントにこれだけの参加者があるとは予想できなかったのである。

事実、ハチをテーマに据えた今回の企画展開催そのものでさえ成立を危ぶむ声もなかったわけではない。

昆虫は対象が小さいこともあり、それ自体、展示には一考を要するのだが、チョウのように色彩豊かなグループは特別として、ハチのようにマイナスイメージの強い昆虫は展示主役としてはふさわしくないというのが一般論だからである。

実際、事前のアンケートを取ってみると、ハチという名前に対する印象は、刺す・毒・痛い・アレルギーなど確かにマイナスが多い。なかには、みなしごハッチやミツバチマーヤなどの連想から好意的なものもあるが、それは絵本的発想からのもので実感ではないであろう。

企画展の主題としては難しいかもしれない、というのが企画展会議の大勢であったように思う。

しかし、会議の終わり近く、メンバーの1人の呟《つぶや》くような一言が形勢を逆転した。

「それじゃあ、ハチたちが可哀そうじゃないの。自然博物館がそのイメージのままで見過ごしていいのかな?!」

確かに、ハチのイメージはマイナーだけど、それはあくまでも既成のイメージ、博物館は本当の素晴らしさを見てもらい、科学性をもった新しいハチ像をつくることに努力しなければ、と言うのである。正直言ってこれは胸にこたえた。

マイナスイメージがあるからといって自然博物館が避けて通ってしまってよいはずがない。

私たちは、逆にハチという昆虫の素晴らしさを徹底的に展示にぶつけることにした。それが多くの人々にどのように迎え入れられるかどうかは不明だけれど、ハチの実像を伝えることを主眼にとにかくスタートしたのだ。

『ハチたちの1億年〜磨き抜かれた姿と生活《くらし》〜』というタイトルは、まさにこの企画展チームの思いを凝縮したフレーズであった。

幸い、この思いは多くの人々に受け入れられたようである。オープン初日から家族連れを中心に詰めかけてくれたのは予想外の喜びだったし、何よりも「ハチのイメージが変わった!」という感想が私たちの耳を心地良くくすぐったのである。

「ハチは天才ですよ。1億年を生き抜いてきた生き物の素晴らしさがぎっしり詰まっている感じですね……」

会場の奥本先生は狩りバチの暮らしを語りながら、先生自身が感動に衝《つ》き動かされるように目をほそめた。

（2004・7）

冬眠クマ「クー」の『動物大賞』

・子を抱くマレーグマ（1977年8月14日
写真提供：東京動物園協会）

日本列島は花の季節、さくら前線の北上も温暖化の影響もあってか、例年になく早いようだ。

冬眠中のクマたちもおちおち寝てばかりはいられない昨今の気象変動の激しさである。クマの冬眠と言えば、一昨年から始まった「クマの人工冬眠」は世間の注目を集めた。

冬眠と言えば、クマを連想するように、その習性はとみに有名だけれど、その実態を目《ま》の当たりにすることは少ない。ましてや、動物園で人工的に冬眠させ、しかもその様子を一般観客に見えるように展示するなど従来の常識では考えられないことだったからである。

世界的にも類例のないこの展示は、小宮輝之園長の発想になるものだが、一般受けを狙ったたんなる思いつきや奇をてらう類《たぐい》のものではない。園長によると現場の飼育係として勤務していた頃の素朴な思いに端を発しているという。

日本産のクマたちが冬季になり寒さが厳しくなるにつれてなんとなく眠そうになることに気づき、「クマたちは、本当に眠いのではないか！」と思ったことが、その原点になっているというのだ。

ニホンツキノワグマが、いつの頃から「冬眠」

という習性を身につけたか定かではないけれど、山野に餌《えさ》が乏しくなり、行動に難儀さが増す冬季を穴に籠《こ》もり、ひたすら消耗を少なくするという生活戦略は、一朝一夕に獲得できるものではない。この列島の四季の環境変化を体で受け止め、自然の一部として生活する長い長い「種の歴史」の中で獲得され、種類としての生態的遺伝へと進化したものにちがいないであろう。

だとすれば、冬季に外温が低下し、冬眠への条件が整ったとき「冬眠遺伝子」がスイッチオンになることは容易に想像できる。

「なんとなく眠そう……」と、飼育係をしながら感じたという小宮園長の感覚は、まさにその時点ではなかったか、と今さらのように思うのである。

その生態進化への適応展示と考えれば、人工冬眠という展示様式は、まさに〝腑に落ちる〟ものであり、「動物園のクマは冬眠しない」という常識を覆《くつがえ》したところに大きな意義があると言えよう。

しょせん、動物園は人間のための施設であり、展示もまた、人間の都合が優先するという従来の考え方をすべて払拭《ふっしょく》することはできないけれど、今の時代だからこそ、動物本来の姿を見せる努力が動物園に求められてしかるべきなのであろう。そんなことを考えていたら、突然のように一昔前、平凡社が出していた動物を主体に取り扱っていた月刊誌『マニア・ANIMA』の動物園特集の一節を思い出した。

「動物園・水族館は自然のモデルでなければならない。そこにいる動物たちの生活の中から、私たちは、彼らの野生の声を汲み取らなければならない……」

動物園は、確かに人間にとってレクリエーションの場であり、環境教育の場であり、自然保護に貢献する場にちがいないけれど、その展示を通して動物たちの「野生からの声」を体感する場であることこそ、今、最も求められている機能なのではあるまいか。

都市人口が急速な増加を見せ、自然からの乖《かい》離《り》がますます進む中で、人々は動物の1種としての野生の声を聞くという生物本来の機能を失いかけているからである。

財団法人日本動物愛護協会が創立60周年を記念して創設した「動物大賞・アニマルグランプリ」の第1回受賞の栄誉が、上野動物園の冬眠・ニホンツキノワグマ、愛称「クー」に贈られることになったが、その意味でまさに当を得た受賞と言ってよいであろう。この賞は、動物愛護に貢献した人や人間との共生に寄与した動物に贈られるユニークなもので、今回は「共生に寄与した動物」として「クー」が選ばれたのである。

選定理由は「クーが冬眠したことによって、未知の世界を見せてくれる入り口になった。それは、クマの生態そのものへの理解にとどまらず、人類が直面している地球温暖化や人口問題などに対する新たな視点を切り拓いている」とされた。また、今回の受賞について同賞の審査委員長を務められ、自然や動物に造詣《ぞうけい》の深い映画監督・丹羽進さんは、選考理由を次のように述べておられる。

「『功労動物』とは、動物から人間への発信。『動物愛護』とは、人間から動物への発信と理解し、審査に当たった。上野動物園のツキノワグマ『クー』は、人間からの発信に、見事に応えてくれた。その冬眠からは、改めて『眠り』の多様性について、私たちに問いかけ直してくれたものだ。この素晴らしい『交信』は、まさに動物大賞の名を輝かせてくれるだろう」

桜花爛漫《らんまん》の上野、冬眠から覚めた「クー」は、今何を思っているであろうか。

（2009・4）

絵本と生き物たち

・いわむらかずおさんを囲んで（前列中央・いわむらさん、右端・筆者）

菅生沼《すがおぬま》は、春の序章を奏《かな》でていた。

久しぶりに茨城県自然博物館を訪れ、菅生沼を望む野鳥観察スポットに立つと、数日前に最後の北帰行を終えた白鳥たちは残影となり、島を覆い始めた草萌えが風に乗ってほのかに香るようだ。

3月6日、この日は奇しくも自然博物館友の会が主催する年1回の「ミュージアムフレンズデー」、１９９５年3月18日に創設して以来、1度もスキップしたことのない重要なイベントである。

それと言うのも、博物館は地域によって支えられ、サポーターによって支えられてこそ、真の活動ができるという博物館のミッションがあり、それを理解し賛同してくれる人々の存在があって初めて成立するものだからだ。

「お久しぶりです！」

菅谷館長に導かれて講師控え室に入ると、絵本作家として世界的に著名な、いわむらかずお先生がにこやかな笑顔で招じ入れてくださる。

なんと、記念すべきミュージアムフレンズデー第15回目の特別講師として、いわむら先生をお招きし、『いわむらかずお先生のおはなし会』を実現させていたのである。この企画は、博物館友の会メンバーの強い希望によって実現したと聞き及んでいるが、それ以前から続いていた先生と自然博物館の関係も特筆すべきであろう。

もう10年以上も以前のことだけれど、先生の娘さんが学芸員の資格を取るための博物館実習に当館を選んだのが事の始まりだ。絵本の美術館を開設しようという画家の娘さんが、なぜ、自然博物館なのかいささか疑問だったけれど、様子をお聞きして納得した。

この『いわむらかずお絵本の丘美術館』は、今までの美術館とはひと味もふた味もちがう。先生の代表的作品となる『14ひきのシリーズ』、『かんがえるカエルくんシリーズ』、『ゆうひの丘のなかまシリーズ』などのすべてに共通することだけれど、ここに登場する主役の動物たちも脇役の植物たちも、すべて確かな審美眼と詳細な観察とに裏付けられ、生物同士の会話さえ、決して俗に言う「絵空自」ではないのである。

登場する主役たちは、確かに写実とはちがうけれど、写実ではないからこそ、その真実をあますところなく読者に伝えることができるのだ。

先生の作品が、老若男女、国籍を問わず愛され、1983年に始まった『14ひきのシリーズ』など日本はもちろん、ドイツ、フランス、台湾などを含め、850万部という驚異的なロングセラーになっているのも、そのことを事実として裏付けている。

「おはなし会」は、期待にたがわず素晴らしいものであった。先生のファン層の幅広さを物語るように、小さなお子さん方もたくさん参加していたのだけれど、すべての人が1つのお話の世界に同化したように魅せられていったのである。

お話は、スライドによる先生の作品のストーリー展開と、そのあとに続く、主役の動物たちの珍しくも貴重な写真で構成されている。

どんな動物が、先生の中でどのように消化され、どのような形で紹介されるのか、ドキドキするような緊張感と期待感が会場に溢《あふ》れるのだ。

「ほら、アオガエルって、なんか考えているように見えるよね」

『かんがえるカエルくん』シリーズは、先生の住居のある栃木県益子町のとうもろこし畑で、葉っぱに止まって、じっと先生を見ているアオガエルがヒントになったのだそうだ。

それに、鳴き声のモノマネも抜群、かなり練習したんだろうな、と微笑《ほほえ》んでしまう。

それに、リスを呼びたいと、美術館の傍《かたわ》にクルミの木を植えたという話もいかにも先生らしい。動物学者の今泉吉晴先生にお聞きしたら「リスが来るまでには10年ぐらいはかかるでしょう」と言ったというのだが、それを素直に実践して植樹したいわむら先生の執念も凄い。それよりも何よりも、実際に木が育ち、まさに10年後にリスが来て念願の「リスの架け橋」が活用されたという話は、どんな環境教育よりも教育的ではないだろうか。

先生が、多忙な時間を割《さ》いて、美術館周辺の里山を歩き、周辺住民と親交を結び、その人たちを先生として繰り広げる農場体験、ワークショップ、お話の会など、その内容を伺うと、友の会や近隣の住民による茨城県自然博物館の目指すものと驚くほど共通点が多い。

東京都杉並区という都会育ちの先生が栃木県益子町の雑木林に居を構え、そこでたくさんの絵本を生み出し、典型的な里山である栃木県那珂川町に絵本の丘美術館を立ち上げたのは、まさに私たちがここ菅生沼湖畔に立ち上げた自然博物館の目標そのものなのだ。

「お互い頑張りましょうね！」しっかりと握った先生の手は、心に沁《し》みる温《ぬく》もりがあった。

（２０１１・４）

Animals

パンダの子守唄

・81歳の誕生日を妻と「パンダケーキ」でお祝い

この春、久しぶりに近くの映画館に足を運んだ。

家人がこの2月に公開されたパンダの映画を見に行くというので、心が動いたのである。だが、途中で見せられた映画のチラシを見て、いささか高揚していた気分が急速にしぼんでしまった。

そのチラシには、題名の『ウーイー、世界で一番小さく生まれたパンダ』に並んで、小さなパンダの赤ちゃんたちの可愛《かわい》さ満タンの写真がずらり。なんとも、これでもかというパンダの愛らしさを強調し、どうやら子どもたちターゲットの「かわいい子ちゃん映画」のように思われたのだ。

ただ、この映画のもとになっている写真映像のすべてが中国・成都パンダ研究基地所蔵のものであることも記されていたので、それに一縷《いちる》の望みをかけることにする。

映画が始まって10数分、私はたちまちこの映画が危惧《きぐ》したような「お子さま目当て」の可愛さだけを売り物にする内容とはまったく異なっていることに気づき、思わず席を座り直す緊張感を味わった。確かに中心は体重わずか51グラム（ふつうの赤ちゃんは150グラム前後）という超未熟児の育児を成功させる飼育員たちと母親パンダの愛情溢《あふ》れる物語だが、その全編を流れているのは、この研究所のスタッフによる野生のパンダたちを守ろうとする懸命な努力のプロセスなのだ。

パンダの飼育中の繁殖成功は、まず北京動物園スタッフによる生殖生態の研究、人工授精技術の確立、双子の場合の見捨てられる1頭をいかに育てるか、などの明確な目的意識による研究の積み重ねがあり、この成果が、成都研究基地にも存分に活かされているということであろう。

日本におけるパンダの繁殖成功も1972年初来日以来、北京動物園との研究交流がその背景にあるが、上野動物園スタッフによる独自の開発も決して見逃すことはできない。とくに、パンダ人工授精の技術を北京にならって実施するのだが、同類（クマ科）のニホングマを使って訓練を重ねたことは特筆に値する。

この訓練は、日本で初めてであるばかりでなく、それに要する器具機材、手技、タイミング等、中国文献からのみでは測り知れない細かな部分で詳細な研究が必要であった。

それよりも何よりも、このことの成果に飼育関係者のみならず動物園全体が一丸となって取り組んだ事実は何にも増して重要なことではなかったか、と思う。

しかし、最近の中国・パンダ研究所、繁殖センターにおけるパンダ繁殖の規模の拡大と施設の充実は目を見張るものがある。この映画の映像でもそうだが、繁殖センターでは、毎年かなりの数のパンダが生まれ、グループで飼育され、その様子は一部観光客にも披露《ひろう》され、かなり高額な見学料にもかかわらず、数多くの観光客を集めている。

また、これらのパンダは、繁殖研究などという名目で各地の動物園や施設に貸し出され、パンダ保護増殖のための重要な資金源となっている（上野動物園のパンダたちもその一環である）。

この傾向を、レンタルパンダなどと揶揄《やゆ》する傾向もあるようだが、1つの「種」を絶滅から救うことは、その原因の大きな部分を占める人間の経済活動にあると思えば、むしろ当然のこととして受け止めなければならない。

人間の科学がいかにして進歩しても、決して新しい「種」を創造することは不可能だからである。

この映像の中で披露されるパンダ出産のシーンは実に圧巻で、生まれ出る生命の神秘をあますところなく見せてくれる。

よく見ていると、生まれ出る赤ちゃんパンダを見守る飼育係の眼差《まなざ》しは、まるで助産師のようにやさしく、生命そのものを推しいただくように扱い、その生存に全力を注ぐ。

象徴的なのは、2頭生まれた場合、野牛では1頭しか育たないと言われ、その1頭を人工保育にするのがふつうだが、なんとここの飼育係たちは取り上げた1頭を完全な人工保育で育てるのではなく、その1頭もまた母親に戻し交互に母親につけることによって、両方共母親に愛される子どもとして育つのである。

ここでは子どもパンダたちの母親に愛される権利を十分に分け与えるのだ。私は、これでこそウーイーは育つことができたのだな、と妙に納得した。

帰路、若葉を抜けてくる夕風が心と体にさわやかであった……。

（2012・7）

『奪われし未来』

地下鉄表参道駅を出て秋の青山通りを歩く。

今年の夏が異常に暑かったせいか、夏から一気に晩秋になってしまったような肌寒さだ。コートの襟《えり》を立てて真っすぐに国際連合大学・国際会議場をめざす。2000年10月27日、午後1時30分、ここで記念すべき1つの講演会が始まるのだ。期待に若い学生のように心が弾む。

講師はアメリカWWF科学顧問のT・E・コルボーン博士である。女史の名前は知らない人でも「環境ホルモン」という言葉は耳にしたことがあるにちがいない。博士は、この「環境ホルモン」（内分泌撹乱化学物質）の考え方を世に送り出した中心人物であり、今、最も注目されている科学者の1人と言ってよいであろう。

会場は満席であった。いや、本会場に入り切れない人たちがロビーやエントトランスホールなどでテレビの中継画像を見るという盛況ぶりだったのである。かなり専門的になるであろう講演内容にちがいないのに、この盛況は何を示しているのであろうか。人々の心のどこかに、現代の生活に故知れぬ不安のようなものを抱いていることの反映であろう。それは彼女の著書『奪われし未来』（Our Stolen Future）が、化学的な内容にもかかわらず世界的なベストセラーになり、わが国でも大きな話題になったことと根は1つなのかもしれない。

講演のテーマは『インナースペース（体内小宇宙）の研究・未来の世代を守るために』であった。登壇した彼女は私が予想していたイメージとはいささかちがっていた。その大胆な仮説、それを実証していく緻密《ちみつ》で行動的な学際的研究からして、いかにも大学教授然とした才媛《さいえん》を予想していたのである。

縁太の眼鏡をかけ、チェックの上衣を無雑作に着た博士は、人なつっこく温かい笑みを漂わせ、一瞬にして聴衆の硬くなっていた雰囲気をやわらげてしまったのであった。

スライドを効果的に織りこんだ講演は、その題材の難しさ、同時通訳の介在という作業があったにもかかわらず、博士のやわらかい語り口の故に、そのまま聴衆の心に届くものとなったのである。それは彼女の研究が大学や研究所の中で没社会的になされたのもではなく、人々の生活そのもの、生活の中に現れた故知れぬ不安の解明という、市民サイドに立った調査研究が根底にあったからであろう。

発端は薬学者としての彼女の勘であった。

北米五大湖周辺の野生生物に異常が見られるようになって世間の関心が集まったとき、湖の水質汚染と関係があるのではないか、化学物質に関係があるのではないか、との思いが研究にかりたてたのである。この湖周辺の野生生物は明らかに個体数が少なくなり、発育・生殖・行動・免疫の異常・奇形現象などが相次いでいたのだ。

彼女の真骨頂は、これらの異常現象がPCB、ダイオキシン、DDTなどの合成化学物質による内分泌系の撹乱《かくらん》にあるのではないかという仮説を立てたところにある。

それまで、これらの合成化学物質と異常現象との関係では「発癌性」の点のみが強調されており、博士自身も最初のうちはその分野での研究も手がけているのだが、発癌性との相関が明確に出ない時点で、この問題をあきらめなかったのだ。何かがあるにちがいない、という薬学者的勘が彼女をゆり動かしたのである。そして到達した仮説が、これらの合成化学物質が癌を発生させない程度のものであっても生物の正常な分泌系を乱し、それが結果として異常を引き起こしているのではないかというものであった。

もちろん、勘というものは博士の薬学者としての業績に裏打ちされており、さらに膨大な文献調査によって勘が仮説として組み立てられたのである。
①五大湖周辺で異常を示している野生生物は湖の魚を食べていること
②問題が現れているのは主に野生生物の子どもであること
③野生生物の脂肪から検出された各種の合成物質には内分泌系に作用する共通点があること
④ホルモンは測定不能なほどの低濃度であっても作用すること

そして、この仮説は様々な分野の研究論文を超人的な努力で読破、解析することによって徐々に確信に変わっていったのである。

自然環境に放出された合生化学物質は、雨に溶け、水に含まれ、やがて川から湖へと導かれていく。その間にＰＣＢもダイオキシンもＤＤＴも、植物プランクトンに取り込まれ、動物プランクトンから甲殻類、魚類、そして肉食動物たちに食物として取り込まれ、その濃度は当初と比較にならないほどの率で体内に蓄積されてしまうのである。

ちなみに、この食物連鎖によってＰＣＢが濃縮される率は、植物プランクトンから美食のセグロカモメに到達したときには水中濃度の2、500万倍に達するというのである。彼女は、この恐るべき現象を世界に訴えるために『奪われし未来』という衝撃的な本を出版する。奪われし未来とは、この合成化学物質の影響が大きく現れるのが子どもであり、とくに母親の胎内に育つ胎児の時代であることから、その未来に万感の思いをこめているのである。

講演テーマのインナースペース（体内小宇宙）とはまさしく母親の胎内であり、子どもを育くむ子宮のことなのであった。73歳という年齢を感じさせないエネルギッシュな講演は聴衆の心を強くゆさぶった。

（2000・12）

『レイチェル・カーソンの感性の森』

・ライオンの子「ビリー」を人工保育（1955年9月）

陽春だというのに、毎日、新聞を見るのが辛《つら》い。未曾有《みぞう》と言われる巨大地震と津波の天災に加えて、福島原発の放射線漏れの人災が重なり、いつ果てるとも予想がつかない現状だからだ。

とくに、放射線禍は、人間の感覚ではとらえられないものだけに一層不気味さをもつ。避難地区の方々の苦衷も察するに余りあるが、あとに残された動物たちの惨状は本当に見るに忍びない。

このような災害のときに、抗《あらが》いようのない被害を真っ先に浴びるのは、子ども、老人、物言わぬ動物たちであることの不条理に魂が揺さぶられるのである。

そんな折、ふと目にした小さな広告があった。渋谷の小さな劇場で『レイチェル・カーソンの感性の森』が上映されているというのである。

レイチェル・カーソン（１９０７〜１９６４）といえば、１９６２年、ＤＤＴなど化学薬品による殺虫剤の散布が生き物に及ぼす影響を大胆に取り上げた著書『沈黙の春・ＳＩＬＥＮＴ ＳＰＲＩＮＧ』によって一躍名を知られたアメリカの女性科学者だ。

環境問題に取り組むアメリカ前副大統領ゴア氏をして「もし彼女の出現がなかったら、世界の環境問題は著しく遅れたにちがいない」と言わせているほどなのである。

私は、躊躇《ちゅうちょ》なく予定を変更し、ビルの一角にあるという小さな劇場を訪ねた。その映画が、今のやりきれない閉塞感脱出のヒントがあるように直感したからである。

それというのも、10数年前、私が、茨城県自然博物館の建設と運営を任されたとき、環境教育の理念としてベースに据えたのが、彼女の絶筆となった子どもと地球の未来への愛情に溢《あふ》れた人類への遺言『THE SENSE OF WONDER』（1965、日本語訳『センス・オブ・ワンダー』（上遠恵子訳・新潮社）の哲学『子どもにとって感じることは知ることの何十倍も重要なことだ……』という思想だったのである。

自然は頭で考えることではない。その中に自分を浸《ひた》し、五感を通して自然の語りかけを聴くことで、生き物としての自分が目覚め、自分が自然の一部であることを実感するところから始まるのだ。彼女が、ゆき過ぎた経済効率優先の農漁業を憂《うれ》い、とくに、化学農薬乱用に警鐘を鳴らした告発の書『沈黙の春』から『センス・オブ・ワンダー』への軌跡は、まさに人間としての良心の遍歴なのである。

映画は、その晩年の彼女が癌《がん》を病み、メイン州の岩礁海岸に面した森の別荘で過ごしながら、亡くなる8か月前にインタビューに答え、その来し方、行く末を語る形式で綴《つづ》られている。演じるのは、アメリカの映画、舞台で35年以上のキャリアをもつベテラン女優、カイウラニ・リー。

その迫真の演技は、まさにカーソン自身が語り、呼びかけ、思い悩む姿として観客の心の奥底にまで染《し》み入ってくる。何よりも抑えた演技の中に漂う次代を生きる子どもたちへの限りなく深い愛、自然を害し、驕《おご》ってしまった人類のあり方への悲しみと反省が波のように押し寄せる。

それもそのはずで、この映画をつくる18年も前から、女優、カイウラニ・リーは、カーソンの思想と行動力に感動し、自ら脚本を書き、自ら主演し、独り芝居『センス・オブ・ワンダー』の形で上演をしてきたというキャリアがあったのだ。この作品は、教育・報道・環境など世界中の会議で上演される人気行事となり、2005年には日本の愛知世界万博で上演されて感動を呼んだことは記憶に新しい。

映画『レイチェル・カーソンの感性の森』は、その集大成と言ってよいであろう。映画の中で彼女がカーソンになりきっているのはまさにそのゆえなのだ。

彼女は、あるインタビューで「カーソンの素晴らしさは、化学者にありがちな偏狭性をもたず、常に自然の中のヒトを意識する柔軟性にある」ことを挙げ、1つの例として広島の原爆投下についてのカーソンの言葉を紹介している。

「私は世間知らずでした。空には人類の過ちを包み込むだけの広さがあり、海には深さがあり、大地はその過ちを修復することができると思っていました。原子力の使用により、私たちがそのすべてを破壊できるだけの力をもっているることに気づかされました……」

彼女は、化学農薬の世代を超えた影響力と生態系に及ぼす計り知れないダメージを人間社会に突きつけ、その改善に一生を捧げたのだが、その一方、放射線被害の地球にもたらす害悪についても、深く心を痛めていたのである。

今、福島原発で連日起こっている計り知れない放射線汚染の影響は、まさにカーソンの予感を裏付けていると言ってよいであろう。私たち人間はもう1度生き物としての原点に立ち返る必要があるのかもしれない。

外に出ると青嵐《せいらん》の空が眩《まぶ》しかった。

（2011・5）

第4章

Animals

遊び

微塵子《ミジンコ》博覧会

さすがに海浜の風は磯《いそ》の香りがする。

京葉線、葛西臨海公園のホームに降り立つと、むっとする8月の炎暑の中に、ねっとりまつわりつくような潮風が体をつつむ。三々五々、公園入口の大通りから水族館通用口への角《かど》を曲って人々が急ぐ。ゆかたがけ、うちわ片手の若い娘さんが同じように角を曲がる。

"MIGINCO EXPOSITION '94
TOKYO SEALIFE PARK"

曲り角に立ち道案内をしている係員のTシャツの真中に、白地にブルーのそめぬき文字。

なんと今日は水族館始まって以来という催物『ミジンコ博覧会』の幕開けの日なのである。

ミジンコは微塵子、微《かす》かな塵《ちり》のような生き物と言われる。だけあって体の大きさが0・2〜3・0ミリ程度の動物プランクトン、ふだんならほとんど見すごしてしまう生き物だ。水族館がこんな小さなものを真正面から取り上げ、博覧会と銘打ち、大々的な夏の催物にしようというのもユニークだが、この企画のプランナーが、ユニークなジャズ演奏で知られるミュージシャンの坂田明《さかたあきら》だというのだから驚かされる。

しかも、当の坂田さん自身が博覧会の展示の直接指揮をとり、同時に開催されるシンポジウムを司会し、さらに彼の率いる楽団を出演させてコンサートをも開くというのだ。

この企画をめざとい報道メディアの人たちが見のがすはずがない。6月下旬、新聞紙上にその記事が掲載されるや、葛西臨海水族園の事務所は電話攻勢に悩まされることになる。夕方6時からのシンポジウムとコンサートは、場所や時間のこともあって事前申込制をとったのだが、予定の数倍にのぼる熱心な応募がったのだ。それは水族園・ミジンコ・坂田明という3題噺《ばなし》のテーマのような意外な組み合せが人々の関心を高めたのは否《いな》めないであろうが、実はこの取り合わせはごく自然でもあった。

坂田さんは、ミュージシャンである前に、広島大学水畜産学部を卒業した根っからのバイオロジスト（生物学者）なのである。

現に、蕨市の自宅には今も水槽が並びミジンコはもちろん、バラタナゴやアメリカザリガニなどが飼育され、その飼育や観察は玄人《くろうと》真っ青の科学的なものなのである。

「坂田さんでなければ、この企画も水族園がとり上げることはなかったでしょうね……」、コンサートのあと、水族園の安部義孝園長がいみじくも洩《も》らしたように、ミュージシャンの坂田というよりも、バイオロジストの坂田に企画の原点があり、それをより効果あらしめるためにコンサートがある、と考えられたからこそ実現したイベントであった。

確かに、その日（8月9日）、水族園レストランを使ってのシンポジウム『ミジンコの世界』を司会する坂田さんは、テナーサックスを吹奏するときのパッションに満ちた表情そのままに燃え、しかも実に専門家《プロフェッショナル》であったということができよう。

「ミジンコにはミジンコの都合があって、それで生きている。あらゆる生き物は自分の都合で生きている。その都合と都合がうまく折り合っているのが自然なのだ。ミジンコはそれを教えてくれる。僕が大事にしている音楽というのは、そういった哲学とか、人生観につながるものとしての音楽。だから、音楽をやっていることとミジンコを飼っていることは、僕の中では共通の人生観にのっとって成立しているわけです……」

この言葉を聞くと、まるで異質の世界のように思われたジャズとミジンコが何の抵抗もなく融合し、コンサートとシンポジウムは見事にハーモナイズするわけがわかる。

今や坂田さんを会長とするミジンコ倶楽部なるものまで成立し、その会員には、今回のシンポジウムに駆けつけた人だけでも妹尾河童《せのおかっぱ》、阿《あ》川《がわ》佐和子《さわこ》、小室《こむろ》等《ひとし》、上田《うえだ》正樹《まさき》、熊谷《くまがい》真美《まみ》、篠《しの》原《はら》勝之《かつゆき》などが名を連ねるという多彩ぶりだ。

とくに、妹尾河童氏などは、1式80万円を超えるカメラを買いこみ、ミジンコの1匹1匹に命名して観察するという入れ込みようなのである。

「なんと言っても生命《いのち》が透けて見えるっていうのはすごいですよ。小さな体の中に、心臓が動き、卵が見える。生命が生命をつくり出すというその感情が見えるわけです……」

妹尾さんの観察がハンパでないことは、その顕微鏡スケッチを見ればすぐにわかる。いかに舞台美術家で絵を画き馴れているとはいえ、あのスケッチは、生き物を観る目がなければ描き得ないものだと思う。

「坂田さんは、ミジンコの都合、という言葉を使いますが、その中味は、ミジンコのもつ『高度な適応戦略』と言ってよいでしょう。ミジンコはふだんは単為生殖《たんいせいしょく》でメスがメスを産み続けますが、環境が悪化し、生存に危機的状況となるとオスが生まれ、今度は有性生殖をして活力を取り戻すのです……」。専門家として参加していた遠部《おんべ》卓《たかし》博士が立ち上がり、ミジンコという生き物の驚くべき生命力を語った。

夜、8時。シンポジウムが終わり、レストランの外のデッキでコンサートが始まる。

楽団の名前も坂田さんらしく『ミトコンドリア』、小さいけれど細胞の中で発電機の役割を果たす重要な器官の名称だ。そして演奏はまさにその名に恥じずエネルギーに満ちあふれ、坂田さんのテナーサックスが東京湾の水面をやさしく包み、いつまでもいつまでも余韻が消えない。まるでミジンコの生命のように……。

（1994・9）

Animals

モリー画伯

・移動動物園の仲間たち（右端・筆者：1970年3月14日）

不忍池には、鴨《かも》たちが群れていた。

その傍《かたわ》らを3羽の白鳥が滑るように漣《さざなみ》を立て、岸辺にはモモイロペリカンが長い嘴《くちばし》を器用に操《あやつ》って羽繕《はづくろ》いに余念がない。

後ろを振り返ると、ペンギン池の上段に野生のコサギが1羽、しきりに池の魚を狙っていて虎視眈々《こしたんたん》の風情だ。微笑《ほほえ》ましい光景に思わず近づくと、なんと下段にはペンギンたちに混じって、これも野生にちがいないゴイサギが1羽、恐れ気もなくやはり魚を掠《かす》めようとしている。

野生と飼育とが渾然一体《こんぜんいったい》となった、なんとものどかで平和な眺めだ。頭上を通り過ぎるモノレールのボディがきれいにペインティングされているのも私にとっては初めて見る光景である。考えてみれば上野にはよく来るのだけれど、不忍池周辺をゆっくり散策するなど実に久し振りであることに改めて気づかされる。

もちろん、今回も目的がなかったわりではない。

東京動物園協会が発行するメールマガジン『ズー・エクスプレスNo．185号』に「モリーさんの絵画展、10月9日からオープン」という記事があり、にわかに彼女に会いたくなって出かけたのである。

ご存知の方も多いと思うが、モリーはオランウータンのメスで、ただ今52歳、上野動物園では最古参であるばかりでなく、世界の霊長類仲間でも記録的な長寿と言ってよい存在なのである。

それだけでも際立った存在なのだけれど、最近、それにプラスして「絵を描くオランウータン」としても脚光を浴びるようになったのである。

聞くところによると、老齢のゆえに不忍池のほとり、日当たりの良い隠居所に引っ越してから、飼育係が試みにクレヨンを与えてみたところ、驚くほどの興味で絵を描くようになったのだという。

動物園出身の作家として有名なD・モリスの作品に『美術の生物学・類人猿の絵描き行動』（小野嘉明訳、法政大学出版局、1975年）というのがあるが、彼がその著作を出版した1962年までの50年間の間に3頭のオランウータン画伯が知られていたという。チンパンジーの23頭に比べるといかにも少ない数だが、モリーの先輩は確かに存在したわけである。

なぜ、類人猿は絵を描くのであろうか。モリスにもその実態は解明できないけれど、その行為は明らかに「自賞的」である、という点がいかにも類人猿らしくて私は好きだ。誰のためでもなく自分のために描く、というのが寡黙のオランウータンにはピッタリのように思うからである。

私は、モリーの新聞記事などでモリーの絵画や、絵を描いている様子などが紹介されるたびに、不忍池池畔の隠居所で「自賞」のためにひたすらクレヨンを走らせる姿を脳裏に思い浮かべ、モリーとの長いつきあいに想いを馳《は》せたのである。

実は、モリーは私個人にとっても実に縁の深い動物で、若い動物園獣医であった昭和30年代、最初に担当獣医を命じられた思い出の動物なのである。あれから既に半世紀が過ぎ、今、上野動物園を訪れても当時の動物で私が知っている動物はモリーを除いては1頭もいないのだ。

彼女の名前を見聞きすると、その瞬間に、私の動物園生活のすべてが、まるで走馬灯のように蘇《よみがえ》ってくるのだ。私にとって、モリーはまさに動物園生活の生き証人のようなものである。

私が獣医として上野動物園に就職したのが昭和27年、彼女がインドネシアのバンドン動物園から親善大使として来日したのが昭和30年（1955）の11月で、なんと私は彼女の担当獣医を仰せつかったのである。

1952年生まれの彼女はまだ3歳、わが国でのオランウータンの長期飼育はまだ少なく、幼時から育て上げる文献にも事欠く有様であった。当時の手帖を繰《く》ってくると『昭和30年11月5日、晴れ。バンドン動物園よりオランウータン♀3歳到着、体重13キロ、赤褐色の長毛に覆われ、他の類人猿に比し、後肢よりも前肢が著しく長い。指は親指が小指のように小さく、耳を掃除したりして器用に動く。人にすぐ抱きつきたがる。カバ舎を改造した仮舎に収容』とある。

あれからもう半世紀が経過しているのである。私は、半ば不安に似た気持ちを抱いてモリーの部屋に近づく。「天気が良いので、外に出ていると思いますよ」という係りの人の言葉通り、モリーは折からの秋の陽射しをいっぱいに受けて金網にしがみつくようにして外を見ていた。

「モリー！　俺だよ、オレ……」

ほかにお客さんもいたのだけれど、思いっきり大きな声で呼びかけてみた。彼女は片手の長い指で垂《た》れ下がった瞼《まぶた》をつまみ上げるようにしてこちらを見た。その瞳の中に陽射しが入り込んで一瞬、きらめくように光った。私はそれだけで心満たされ、足取り軽く帰路についた。

（2004・12）

おサル電車とサザエさん

・前代未聞の「おサル電車」

世の移ろいは早い。

今、おサル電車、などと言っても、その姿をイメージできる人は少数派にとどまるであろう。しかし、際立った動物のいない戦後の上野動物園で数少ない名物施設であり、数奇な運命にもてあそばされて消滅していったユニークな施設であっことは紛れもない事実だ。

最近、そのことを強烈に思い起こさせてくれたのが、朝日新聞e版連載『サザエさんをさがして』の7月15日付け「おサル電車」の記事である。

この連載は、長谷川町子さん（故人）による人気漫画『サザエさん』に登場する人や場面から当時の社会的背景を探ろうとするものだが、おサル電車は昭和43年に起こった旧国鉄のウッカリ事故（交代の車掌が乗らずに発車）と関連付けて発表されたものだ。

視点を換えれば、それだけ、おサル電車というものの社会的知名度が高かったということであろう。確かに、戦後間もない昭和23年10月10日スタートと言えば、まだ戦後の後遺症が色濃く残り、動物園もスター動物に乏しい時代、人が乗れる小型電車をサルが運転するというアイデアは画期的なものであったにちがいない。それは、殺伐《さつばつ》たる戦後の世相の中で、とくに子どもたちへの影響に心を傷め、いち早く動物園内に映画常設館「かもしか座」を設け、日本初の「子ども動物園」を設置した園長・古賀忠道氏の英断でもあった。

最初、このアイデアは、ロボット工学が専門の相沢次郎氏がロボットを運転手とする「子ども電車」として動物園に持ち込んだものだが、「動物園なら動物が関与しなければ意味がない」という古賀園長の考え方によって前代未聞の「おサル電車」が誕生したのである。

これは、またたく間に上野動物園の人気施設になった。古賀園長の思惑通り、サルの高い知能と運動能力が予想外の行動につながって子どものみならず多くの来園者の注目を集めたからである。それは翌昭和24年にはいち早く川田孝子の歌う童謡『おサルの電車』が発売され、人気になったことからもうかがい知ることができよう。

『赤いチョッキに　青頭巾、お猿の運転　ちんちん電車、かわいいお客は　坊ちゃん嬢ちゃんにこにこえがおで　乗っている
今日も朝から　満員で　うれしいお猿のちんちん電車、象がのぞけば　キリンものぞく、にこにこお日さんも　笑ってる』

サルの運転と言っても、ハンドルを引くと通電して電車が走り、放すと通電が止まって電車も止まる、という単純なものであった。しかし、一定時間運転席に止まることやハンドル操作などの訓練には野生動物だけに多くの時間と工夫を要し、しかも、実際にやってみると運転中に通電を止めて急停車するなどのハプニングが続出した。

しかし、ロボットにはないこの意外性こそ、動物の真骨頂であり、継続的な人気の秘密であることが明らかとなった。実は、この動物たちのもつ大きな可能性を、楽しみながら子どもた

ちに理解してもらうというのが古賀園長の目指したおサル電車であり、その目論見は正しかったと言えよう。

しかし、昭和48年に情勢は一変する。わが国初めての「動物愛護法」が議員立法によって成立し、翌49年1月から施行されることになったからである。この法律は正式名称を「動物の保護及び管理に関する法律」（施行当時）と言い、人間と共に生活する動物たちの取り扱いの適正化について定めたものだ。ペットや家畜が主な対象だったが、動物園動物もまた法の対象になり、人気の高かったおサル電車のサルたちが当然のように話題になったのである。

「いかに訓練してあるとは言え、運転台につなぎ、強制的に運転業務に就かせるのは虐待に当たるのではないか」という批判だ。

動物愛護を標榜する動物園だけに、この批判を看過することはできなかった。当時、私は飼育課長という立場にあり、昭和44年には東京都派遣海外研修生として欧米の動物愛護事情にも触れてきただけに、問題の根深さがわかった。

「サルほどの知的な動物にとって、生活にヴァリエーションをもつことはむしろ好ましい」という動物心理的な立場からおサル電車を推進された古賀忠道氏の意向も、一途な動物愛護の風潮の中では、にわかに理解されなかったのだ。

こうして、戦後の動物園に子ども動物園などと共に登場し、絶大な人気を博した「おサル電車」は、昭和49年6月30日の「さよなら運転」を最後に26年にわたる歴史を閉じたのである。

奇しくも本年6月1日、おサル電車廃止のきっかけとなった動物愛護管理法が改正施行され、最近の動物行動学の成果なども取り入れられて新しい1歩を踏み出したのも因縁と言うべきであろうか。

（2006・10）

博物館がやってきた！

子どもたちが続々と集まってきた。

不自由な体で車椅子を巧みにあやつり、松葉杖を両腕にかかえこみながらバランスを取り、先生方と一緒に体育館に入ってくる。

小児麻痺や筋ジストロフィー、小児ぜんそくなど、重い障害と健気《けなげ》に闘っている子どもたちだ。

だが、子どもたちの表情は思いがけないほど明るい。これから起こるであろうことへの期待がみんなの瞳を輝かせているのだ。

いつもはガランとした体育館が、今日はピンとした空気が流れ、パンドラの箱のように不思議や驚きがいっぱいに詰まっているのを鋭く感じとっているのである。

1996年1月24日、茨城県自然博物館が主張する「移動博物館」は、今年最初の店《みせ》開《あ》けを、ここ県立下妻養護学校に決め、たくさんの資料をミュージアム・バンに詰めてやって来たのである。

恐竜のレプリカ（複製）がある、巨大な花ラフレシアの色鮮やかな標本がある、イノシシ、タヌキからゾウガメまでの動物たちの剥製《はくせい》がある、そして茨城の野山を飾る花や木や果物などが、体育館いっぱいに並べられていた。

まさに、なんでもありのミニミュージアム。

岩井市にある博物館までは中々出かけられない子どもたちへの、少し時期遅れのお年玉と言ってよいであろう。

「さあ、みんな　おはようって大きな声を出してみよう！　そうだ、その調子。ところで今朝はトイレ上手にできたかな？」

オープニングのあいさつを促された私は、思わず、それまで考えていたこととはまったくちがうことを口にしていた。その朝、開式の前に校内を案内していただいたときに、トイレをする、ということが、ここの子どもたちにとってどんなに大変なことなのか、を目《ま》の当たりにしていたからだ。164名もいる生徒の中で自力でトイレのできる子どもはわずかに2割程度しかいないのだという。トイレット・トレーニングのための便器に施されたさまざまな工夫や先生方の親身の努力がそれを支えているのである。

「恐竜だってウンチをしたんだよ。ホラ、これを見てごらん。これが1億年以上も前の恐竜のウンチだ。まるで石みたいに固いよ。でも、これを調べると、恐竜たちが何を食べていたか、どんな生活をしていたか、がわかる大切なウンチなんだ。ウンチって大昔から大事だったんだね」

子どもたちの目が、恐竜の糞化石に集中しているのがわかる。すかさず、博物館のスタッフが、この化石をもって子どもたちの間に入って行く。

「臭《くさ》くないな、ホントに石みたいだ!」

最初はこわごわ覗《のぞ》きこんでいた子どもたちが車椅子から手を伸ばし、松葉杖を斜めに開いて、そっと指を伸ばしてその表面に触れる。

このことが、科学へのアクセスの1つとなると共に、ウンチというものへの、これまでとはちがった見方に発展してくれればと秘《ひそ》かに思う。

博物館が移動博物館を開くのは、遠隔の地で来館に時間がかかったり、この養護学校のように来館の困難な施設を直接に訪れるという物理的な事情もあるけれど、もう1つは、子どもたちがアット・ホームな雰囲気の中でまったくの別世界を体験してもらうという意味があるのだ。

セレモニーが終わり、いよいよ博物館の時間になったとき、子どもたちの瞳がにわかに光を帯び、車椅子を押す手に力が入っているのを見てもそれがわかる。

私たち大人が感じる以上に、子どもたちはその場の非日常性を説く感じとり、それを精いっぱい受けとめようとするのだ。

小学部4年生の、たきけんじ君の感想文にその辺のことがよくまとめられている。

「ぼくは、黒っぽい石がピカッと光ったのでびっくりした。おねえさんにもう1回、もう1回と頼んで3回も見せてもらいました。体育館のまん中には恐竜もいました。恐竜のたまごやうんちにもさわりました。かたくて石みたいでした。

大きな木のきりかぶにもさわりました。ざらざらしているのやら、つるつるしていてくすぐったいのもありました（中略）『しおり』作りは、木の葉がずれてしまってむづかしかったです。でも、はくぶつかんの先生や担任の先生といっしょにがんばりました。うちに帰っておかあさんにもみせてあげました。おかあさんも『よくできたね、すてきだね』とほめてくれました（後略）」

私は、この感想文を読みながら、たき君の元気な顔を思い出し、お母さんとの会話の場面を想像し、なぜか胸が熱くなったのである。

そして、突然のように、永井薫校長先生のことばが脳裏を横切った。

「子どもたちを理解するには、言葉でない言葉『内言語』を理解する必要があります。子どもたちは口だけではなく全身で語りかけてくるのですから……」

校長先生はここに赴任して以来、背広を捨て上下紺色のジャンパーで過ごす。全身で語りかけてくるものは、全身で受けとめてやるのをモットーにしているからである。

私は、校内を案内してもらいながら、校長先生のこの考え方が、校内のすみずみまで行き渡っているのを全身で感じとることができた。帰りがけに、色紙に何かを、とうながされ、ためらわずに次のように書いた。

『共に生きる Living Together』（1996・4）

還暦の子ども動物園

・日本の子ども動物園の草分け・遠藤悟郎さん

何事によらずスタート地点は大切なものだ。

私にとって動物園生活の始まりは子ども動物園、昭和27年のことである。現在のパンダ舎付近に「こどもどーぶつえん」として開設されてからまだ4年ばかりの新しい施設であった。

獣医学を学び、野生動物との交流を夢見て動物園入りを果たした若者にとって、ウサギ、モルモット、ニワトリなどが主な飼育動物であり、利用者の多くが幼児と親御さんという環境は、正直言っていささか拍子抜けする任地であった。

しかし、そんな環境にもかかわらず、現場の雰囲気は使命感に燃え、新しい物を開発しようというパイオニア精神に満ちていることに気づくのに時間はかからなかった。この施設こそ、当時の古賀忠道園長が、戦後の荒廃した人心に心を痛め、動物を通して人と人のつながりに温もりを取り戻そうとする新しい試みの施設であることを知ったからである。

事実、昭和23年4月10日の開設挨拶文には「人と動物が仲良く交流する平和な子ども動物園は平和な日本のさきがけです」とさえ謳《うた》っているのである。

わずか500坪足らずの子ども動物園を「平和な日本のさきがけ」と言うにはいささか大げ

さな表現に聞こえるが、軍獣医として戦争をつぶさに経験した古賀園長だからこそ、動物を慈しむ心の温もりが平和への架け橋になるという信念があったのではないか、と思う。

それだけに、子ども動物園の開設に当たって園長が付した条件は厳しかった。「動物たちをよく馴らしておくこと、動物をよく知り、かつ、子どもたちを理解した優秀な指導者が必要」とし、とくに「適当な指導者があるかどうかは子ども動物園が成功するか否かの分かれ道である」とさえ言い切っているのである。現在ならともかく、あの戦後の混乱期にこれだけのことを考えていた古賀園長の先見性には今さらながら驚きを禁じえない。

そして、古賀園長の期待に見事に応え、日本の子ども動物園を確立する立て役者になったのが、昭和24年、子ども動物園の整備に伴って採用された若き獣医の遠藤悟郎氏であった。彼は子ども動物園に適合するように動物たちを馴らす事、その動物たちを子どもたちが適正に扱えるようにするため、全力を注いだ。古賀園長の言う動物をよく知り、併せて子どもたちのこともよく理解できる指導者であろうとしたのである。

私が子ども動物園で一緒に過ごしたのはわずか2年ほどであったが、日本で初めての子どもをターゲットにした施設に注ぐ熱情には大きな影響を受けた。

その核心は、動物園の存在そのものの意義、動物園に働く動物関係者の存在の意義を身をもって示してくれるように思ったからである。とくに、動物園職員は常に動物の視点と利用者の視点の両方を兼ね備える必要があるということを、子ども動物園という現場で実践し、古賀園長の思想を見事に具現している姿に素直に感動した。

とくに、夏休み期間中、動物の飼育経験を子どもたちにさせるサマースクールは、現在では動物園の定番となっているし、筑波大学付属の盲学校と連携し、よく馴れた動物を実際に触らせて学習させる手法の開発は、今に言う「ハンヅオン（手を触れる）教育」の先駆けであったと言えよう。しかも、この困難な仕事を教育畑出身でも保育学を修めたわけでもない獣医の遠藤氏がほとんど独力で切り開いたことに驚嘆したのである。動物園の教育的価値が無限だな、と心底思ったのもこの頃である。

今思うと、日本における子ども動物園の歴史は、理科の延長線上にある動物学習の場としてのみ始まったのではなく、古賀園長の言う弱者をいたわる「心の教育」の場としてスタートしたという特徴があるのではないだろうか。

この伝統は、開設以来数回にわたる位置変更や拡充にも関わらず不変で、昭和47年3月20日、上野動物園開園90周年記念日に不忍池近くの西園の現在地に移転整備され、さらに改善されて今にいたっている。その中の「南部の曲屋」風の建物は、私が飼育課長だった頃の建設だが、「ヒトと動物の共生」という子ども動物園年来のテーマを具現しようとしたものだ。動物園を訪れたときには今でも立ち寄ることが多いが、動物たちとの「触れ合いコーナー」が人気で、時々、幼児たちの歓声が上がっているのを聞く。ここには伝統がまさしく根付いているのを感じて心がなごむ。

ただ、子ども動物園と不即不離の関係にあった「おさる電車」は、昭和49年6月30日をもって26年にわたる歴史の幕を閉じている。昭和48年に成立した「動物愛護法」に抵触するという解釈だったが、古賀イズムはあそこでも十分に活かされていたような気がしてならない。ともあれ、子ども動物園60周年、言わば還暦。人と動物の共生の舞台が再び回り始める0。

（２００８・４）

Animals

パンダの夢

・北京動物園でパンダの子どもと（1973年4月）

わが家に1頭のパンダがいる。
もう30年間近くも住みついていて、引っ越しのたびに、その処遇に頭を悩ますのだけれど、いつもリビングの特等席にでんと構えて悠揚迫らざる雰囲気を醸《かも》しだしている。
それもそのはずで、大きさも半端《はんぱ》ではない。私が両手で抱えてもも て余すほどだ。背丈は約40センチを超え、肩幅も同様でずっしりと重い。初代の東京パンダのメス「ランラン」を彷《ほう》彿《ふつ》させる体型と言ってよいであろう。

「このパンダを連れてグランパパの店に行き、赤ちゃんパンダの擬似出産に立ち会った日のことを今でも覚えているわ……」

テレビなどでパンダが話題になると、いつも家人が、その頭を撫《な》でながら懐《なつ》かしそうに相好を崩す。実は、このパンダ、俳優の津川雅彦さんが経営するぬいぐるみのお店・グランパパからのプレゼントで、東京パンダの出産を祈念して送ってくださったものだ。

それにしても「妊娠パンダ」という発想はユニークだと思う。送られてきた巨大な段ボールを開くと、パンダぬいぐるみが現れ、それと一緒に「母子手帳」がある。そして、母子手帳を開くと、妊娠の経過と出産予定日が記され、その当日にはグランパパに入院の手続きまで記されているのである。

所定の日になって、家人は大きなぬいぐるみを抱え、三女を伴ってお店を訪問、看護婦役の店員さんに出産を託す。分娩《ぶんべん》はどうやら帝王切開という想定で、無事に手術が終わってカーテンの陰から現れると真っ白い赤ちゃんパンダが1頭、おくるみに包まれた姿を現す。

私も、家に帰った母子パンダを詳細に見て、母パンダの下腹部にはちゃんと切開・縫合《ほうごう》のあとがくっきり、その丹念な仕上げに驚いた記憶がある。

それからずっとあとになって、津川雅彦さんが北海道・旭山動物園を題材にした映画を監督された作品を見たけれど、「妊娠パンダ」に寄せられたやさしさがここにも現れていることを実感した。

「感動した記憶のある縫いぐるみって、どんなに古くなっても愛着があるのよね……」

最近、あるテレビ番組でご一緒した黒柳徹子さんがしみじみと言っていたことを思い出す。

子どもの頃、叔父さんのアメリカ土産に貰ったというパンダの縫いぐるみは、今や茶褐色で、とてもパンダには見えないけれど、黒柳さんにとってはパンダの原点、パンダという動物に懸《か》ける思いの源泉であるにちがいない。

私の居間の「ランラン風妊娠パンダ」も、黒柳さんほどではないけれど、私の人生の中でのパンダに関わる大きな背景となったような気がする。

「良かったね、やっと跡継ぎが来たよ！」

2011年春、3年ぶり、紆余曲折はあったけれど、上野動物園にパンダ「シンシンとリーリー」がやって来ることが決まったとき、私は誰よりも先に彼女に報告した。なんとなく、このペアこそ「赤ちゃん誕生」の朗報を、このリビングにもたらしてくれるような予感がしたからである。

しかも、「縁」というものは不思議なもので、この新しいパンダペアの応援団長の役割が私のところに回ってきたのだ。実は、このパンダペア、今までの中国からの贈呈というカタチではなく、東京・上野動物園と中国野生動物保護協会とが協定を結び、互いに協力してパンダ繁殖に貢献しようという約束に従って来日したのだ。

巷間言われるところのレンタルパンダで、中国側がパンダペアを提供、東京側は、パンダ保護基金を中国側に提供するという仕組みだ。このような希少動物保護作戦はパンダに限ったことではなく類人猿など多くの野生動物に適用されており、今後の主流となるにちがいない。

その意味では、今後は国や地方行政に頼るだけではなく、いわゆる民間の私たちも広くこの作戦に関係することができるし、また、関係することが求められているとしてよいであろう。

今回も、その趣旨に添って「ジャイアントパンダ保護サポート基金運営委員会」なる組織が立ち上がり、保護基金の募集、管理、活用を担当することになった。

黒柳徹子さんを顧問に、委員としては湯川れい子さん（音楽評論家）、一木忠男さん（上野観光連盟会長）、景山竹夫さん（東京都建設局次長）、浅倉義信さん（公益財団法人東京動物園協会理事長）、そして私・中川が委員長を仰せつかったのだ。

そしてキャッチフレーズは「ひろげよう！パンダの夢」、パンダを守ることは環境を守ること、環境を守ることは地球を守ること、それがパンダの夢という現代にピッタリのテーマだ。

耳を澄《す》ますと、「うえのパンダ歓迎大使」大橋のぞみちゃんが歌う『パンダの夢』が風に乗って人々の心に届く……。

（2011・8）

第5章

Animals

愛

トットちゃんと動物園

・「徹子の部屋」には３回も出させていただいた

この6月、『婦人画報』という雑誌社から取材があった。黒柳徹子さんの特集をするので登場してほしいというのである。聞けば、黒柳さんの司会するトーク番組『徹子の部屋』が、２００６年6月で放送年数30年4か月になるので、30周年記念号を刊行しようという企画である。

それにしてもこの番組は確かに化け物だ。継続期間の長さもさることながら、ゲストおよそ７、８００組、その顔ぶれの多彩さも尋常ではない。確かに世界一の年数とゲストを誇るトーク番組というのも決して誇張ではないであろう。

それにしても、７、８００組のゲストの中から徹子さんと『婦人画報』が選んだ15人のトットフレンズの中に私が入っているのは、言うまでもなくパンダあってのことにちがいない。彼女はトーク番組の司会者としてはもちろん、ユニークな女優であり、７６０万部を売った空前の大ヒット『窓ぎわのトットちゃん』の作者であり、ユニセフ大使として国際的な活動を展開しているのだが、知る人ぞ知る「パンダ」のファンであり研究家なのである。

それも、１９７2年、日本と中国の国交正常化を記念して日本にパンダが初来日してからにわかに興味をもった多くのパンダファンとは異なり、少女の頃に貰ったパンダぬいぐるみが出発点だというのだから年季が入っている。

　事実、私がロンドン動物園でパンダという動物に初めてお目にかかったのは１９６９年のことだが、彼女はそれよりも以前に既に「チチ」というこのパンダを見ていた数少ない日本人の１人なのである。

　それでなければ、パンダ初来日当日の１９７２年10月28日夕刻、警備厳しい上野動物園裏門で子どもたちに混《ま》じって独《ひと》り立ち尽くしていた姿は決して理解できないであろう。

　その日以来、彼女は常にパンダの味方であり、異常なパンダブームの中で、ともすれば批判にさらされがちなパンダ飼育チームの味方であった。

『徹子の部屋』への出演も前後3回に上ると記憶しているが、それらは、いずれもパンダの情報を一般に伝えたいという私たちの願望と一致しているタイミングのときであった。あの多忙の中で、よくぞ私たちの立場を斟酌《しんしゃく》できるものだと驚嘆し、感激したことを今でもまざまざと思い出す。

　とくに、パンダの妊娠、出産の期待が過熱する中で、１人、パンダの繁殖がいかに難しいものであるかを力説してくれる彼女の存在はありがたかった。

　そして、彼女のパンダに懸《か》ける思いは、パンダにとどまらず、動物全般、そして動物園そのものの理解者として大きな存在になったのである。

　その象徴的な出来事は、ロンドン動物園の経営危機が世界的なニュースになったときの彼女の取った行動であろう。

　１９９０年代の始め、ロンドン動物園は折からの経済締め付け政策のあおりを受けて、経営危機に陥り、動物たちの身売りの話まで出るせっぱ詰まった状況に直面したのである。動物園仲間として私たちも支援策を協議したのだが、海外のことでもあり、実情もつかみにくく、いたずらに時が過ぎた。

そんなとき、夜の10時過ぎ、突然に徹子さんから自宅に電話がかかった。

「ロンドン動物園の窮状を改善するために、一緒に行動しましょう！」

という提言であった。すでに、ある新聞社に手配がしてあるので、担当者に会って、ロンドン動物園支援の情報を提供し、記事にしてもらおうと言うのである。

その行動力に感心し、感謝しながら翌朝早く一緒に新聞社に出かけ実情を訴えた。これは小さいながら写真入の記事となり、支援の輪の広がりに大きな弾みとなった。同時に行なった支援募金も短期間ながら総額500万円を超す金額となり、大使館を通してロンドン動物園に届けられたのである。

このような行動は世界的な規模でも行なわれたのだが、日本のそれはほかに先がけた行動として関係者の注目を浴び、日本の動物園は面目を施すことになった。今、振り返っても徹子さんの素早い判断と行動力には舌を巻く。ただ、これらの行動の根っこにあるのは、徹子さんの生き物に対する限りない愛着の心と子どものような素直さであろうと思う。

そのことを強く感じたのは、彼女が『話の特集』という雑誌に7年間にわたって連載していた『トットの動物劇場』という写真の撮影で動物園をしばしば訪れていたときであった。不思議なことに彼女が話しかけるようにカメラを構えると、さっきまで寝そべっていた動物が、やおら起き出してあくびをしたり、絶好なシャッターチャンスを提供するのである。

このところ、しばらくお会いしていないけれど、いつまでも動物と動物園の良き理解者であり続けてほしいものである。（2006・8）

Animals

パンダのふる里

雨模様の4月24日、濡れ光る春落ち葉の道を霞ヶ関ビルに急ぐ。会場は34階、日本パンダ保護協会が結成されて10年の節目の会とあって、久しぶりに親睦会に出席することにしたのだ。

パンダの現場から離れて久しいのだけれど、やはり、この動物のことになると心が騒ぐ。

・大熊猫剪紙（1973年北京にて受贈）

会長で動物写真家の田中光常さんから、直々のお誘いもあったことだし、名誉会長を務めている黒柳徹子さんや評議員のヒサクニヒコさんも出席されると聞き及んでいたので、久しぶりのパンダ談義が楽しみの1つだったのである。

夕方になっていささか雨脚が強くなり、あの巨大な霞ヶ関ビルを危うく見過ごしそうになる。文部科学省の立て替え工事が一段落したと見え、この辺はすっかり雰囲気が変わってしまったのだ。

会場には、さすがにみんなパンダ愛好家の集いとあって和気あいあいの打ち解けた雰囲気が横溢《おういつ》している。もともとこの団体は、日中国交30周年にあたる平成14年10月に設立されたNPOで、依然として危機にある生息地のパンダを側面から支援しようとする民間団体なのである。

特徴と言えば、生息地である中国の保護団体との交流を通じ、パンダやその自然環境に対する知識と理解を深め、より多くの人々の参加によって貴重な自然を守ろうとすることであろう。

わが国のトキやコウノトリの保護活動でも明らかなことだが、動物の保護増殖や自然保全は、1部の特別な研究者や保護活動家のみの働きでは達成できず、広範な民間の人々の参加が不可欠なのである。わが国のトキたちの人工繁殖の成功や自然放鳥への期待も中国の人々との協力関係なしには語ることができず、コウノトリの自然放鳥、自然繁殖の成功も、その基礎となったのがハバロフスクの民間団体から贈呈された6羽の若鳥たちであったことも記憶に新しい。

その意味では、パンダという動物は、パンダ自身の保護を訴える存在であることもさることながら、自らの存在を通して世界の動植物、自然環境の保全を訴えることのできる稀有《けう》な存在であるところが特徴的と言ってよいであろう。


「ホントにそうですよね。パンダを見てると、この動物を身近に感じている中国や日本の人々に限らず、世界各国の多くの市民が同じように感じるというのは、やはりパンダという動物の特殊性でしょうか。考えてみますと地球的な規模で動植物や自然環境を保護することを目的に設立された世界的なNPOであるWWF（世界野生生物保護基金）のシンボルがパンダなんですよね。これは決して偶然ではないと思いますよ……」

漫画家であり、恐竜研究家としても知られるヒサクニヒコさんが挨拶の中でこのように述べられたけれど、確かにパンダには万人を惹《ひ》きつけてやまない魅力があるように思う。実際にパンダを飼育してみてもそうだが、私もWWFジャパンの理事の1人としてシンボルとしてのパンダを扱いながらいつもそのように感じるのだ。

「そうよ。私はパンダという実際の動物を知る前から、叔父さんに貰ったぬいぐるみパンダだけで、この動物にはまってしまったんですもの……」

これは今では伝説的な話になっているけれど、名誉会長の黒柳徹子さんがパンダに興味をもったきっかけはぬいぐるみであったことは、この動物の特徴を端的に示しているといってよいであろう。

もちろん、その関心をたんなる興味に終わらせず、専門家顔負けのパンダ通にまで高めてしまうところが彼女の面目躍如というところなのだけれども。

確かに、昭和47年10月28日、上野動物園の初代パンダ・ランラン（メス）、カンカン（オス）が厳重な警戒態勢の中、夜間に動物園裏門に到着したとき、多くの子どもたちに混《ま》じってひときわ目立つ彼女が、そこにいたのだ。それは取材でもなんでもなく、ただ、パンダたちに会いたいという思いだけで、仕事を抜け出してやって来てしまったと言うのである。

「そうよ、到着の報道を聞いてじっとしていられなくなったんですもの。それにしても警戒は厳重だったわね。ひと目見たいだけだったのに警備の人に阻止されるは、肝心のパンダは特別製のワゴン車でパンダどころか檻《おり》も見えないんですものね……」

まるで昨日のことのように話す彼女の活き活きした表情を見ながら、私の記憶もいつの間にか30数年前のあの日のあのときの光景をまざまざと思い出し、パンダと過ごした時間を反芻《はんすう》したのである。

「中川さん、私、大阪にいるんだけど、今、ニュースを見て驚いているの。リンリン、とても残念だったわね。私にできることがあったら言ってね」

親睦会から1週間後、突然の黒柳さんからの電話、リンリンへのお悔やみであった。

（2008・6）

常陸宮殿下と博物館

・「サーベルタイガー展」を御覧になる常陸宮両殿下。
殿下のうしろがオルソン氏。

英語には「あなたが良い天気を運んできた」という表現があるけれど、今日のこの好天は、もったいないことながら常陸宮同妃両殿下の「お成り」がもたらしたものにちがいない。

1994年11月12日、この日は私が館長（非常勤）を務めるミュージアムパーク茨城県自然博物館の開館式典挙行の日であり、この式典に両殿下が御臨席されることになっているのである。

午前10時、先導車に導かれて黒塗りの御《ご》料《りよう》車《しゃ》が博物館玄関前にピタリと止まり、殿下、続いて妃殿下が眩《まぶ》しいばかりの陽の中にゆっくりと降りたたれる。

「あれはコハクチョウですね……」

テープカット式に臨まれたあと、屋上の展望デッキに上《のぼ》られた殿下はめざとくバードウォッチング用のプロミナに気づき、手なれた操作でフォーカスを合せながら呟《つぶや》くように言われる。

この博物館の位置は茨城県では県南の地区に当たる岩井市、関東ローム層に覆われた猿島台地の上にあり、眼下には利根川に注ぐ飯沼川が蛇行し、遊水地としての「菅《すが》生《お》沼《ぬま》」が銀盤のごとくさわやかな照り返しを見せているのだ。

この菅生沼は昔からバードウォッチャーのひとつのメッカ、年間180種に及ぶ鳥たちが集《つど》い、とくに冬期はガンカモ類が数多く翼を休め、なかでもひときわ目を奪うのがコハクチョウの群れなのである。

それにしても、これを一見《いっけん》してコハクチョウと識別された殿下の眼力には敬服する。さすがに日本鳥類保護連盟の総裁として日常の活動にも積極的に参加され、自宅のお庭に飛来する小鳥たちにもことのほか御関心が深いということもうなずけるような気がする。

「このスコープで、あのブッシュの中などがもう少しフォーカスできるとよいですね……」

菅生沼には、その名前の通り沿岸にはたくさんのスゲやアシが生え育ち、中洲附近《なかすふきん》にはアシのブッシュがかたまってあり、今は半《なか》ば枯れているけれど巣造り時期には恰好の条件を提供したにちがいない。

殿下はそのことをおっしゃっている。鳥に近づかず、この位置からブッシュの中の鳥たちの生活を眼前にあるように観察できたら確かにすばらしいことにちがいない。

一事《いちじ》が万事《ばんじ》、殿下のご関心は展示の表面を突きぬけたところにあり、それだけに御質問も鋭く深い。

御先導を申し上げた私も、たびたび専門の学芸員の力を借りることが必要であった。

その特徴的な質問の1つは、開館記念特別展『サーベルタイガーの世界』のところで起きた。

この特別展は、当館と友好博物館であるアメリカ・ロスアンゼルス郡立自然博物館の全面的な協力を得て行なわれたものだ。

この博物館の別館「ページ博物館」はタールピット（地下に形成されたタールが地層の割れ目から地表に流出して池となったもの）に埋蔵

された更新生《こうしんせい》の動植物資料で世界的に有名だが、中でもサーベルタイガー（剣歯虎）のコレクションは他にも類を見ないといわれる。

わが国では初めての総合的なサーベルタイガー展だけに、このオープンにはロスアンゼルス郡立博物館から展示部長のJ・オルソン氏が出席、開館式典当日も特別展の一角で殿下の御観覧をお迎えしたのである。

オルソン氏の話によれば、殿下は生物学にも詳しくあられるとのことで、ずいぶんと緊張し、いくつかの仮定質問をつくったりして前夜は中々寝つかれなかったという。

両殿下を御先導し、特別展会場に入ると、その正面にオルソン氏夫妻が緊張した面もちで立っており、とくにオルソン部長の大きな体がいささか小刻みに動いているように見える。

私が紹介を申し上げ、にこやかに握手を交《かわ》された後、ひとしきり博物館のことなどを話されたあと、オルソン氏の顔にもいささか安堵《あんど》の表情が現れたようであった。

そのとき、突然に殿下が通訳を介さず英語で質問をされたのである。

「この背景画ですが、サーベルタイガーが食べているのはシマウマのように見えます。この当時、ロスアンゼルス附近にシマウマが生息していたのでしょうか？」

オルソン氏は一瞬言葉につまった。

「これは想像です。骨格は明かにウマでありますが、皮ふは残っていませんので正確にはわかりません。ただ、原始的なウマには縞があることが多いことがわかっています」

殿下がにこやかにうなずき、オルソン氏はほっとしたように額《ひたい》の汗をぬぐった……。私は殿下の御先導を申し上げながら、その間に発せられるご質問に博物館というものの本質をお教え願ったような気がする。

（1995・1）

涼風の集い

・『もどれインディラ！』を朗読する浜畑賢吉さん

不忍池の川面を渡ってくる風が髪をなぶる。池畔《ちはん》（池のほとり）に揺れ動く柳の小枝が芸者衆のしなやかな手さばきのように風にからみ風に踊る。

ライトアップされた弁天堂、色とりどりの街のネオンサインが水面をカンバスにして鮮やかな抽象画を描き、その上を2羽のペリカンがすべるように泳ぐ。

こんなさわやかな不忍池畔に立つのは何年ぶりのことであろうか。

8月31日、夏休み最後の日の夕刻、上野動物園・不忍池畔で「東京動物園友の会」発足50周年を祝う会が催されたのだ。集うものおよそ200人、いずれも動物を愛し動物園を愛し、上野動物園の歴史を愛する面々である。

振り返ってみれば友の会の発足は昭和27年、終戦後7年を経て『zoo is the peace』を合言葉に上野動物園がようやく新生動物園への本格的なスタート地点に立った年である。この年、戦争中の忌まわしい記憶を払拭《ふっしょく》するように上野動物園創立70周年記念祭が華々しく挙行され、夏には待望久しかったアフリカの動物たちが続々と到着した。

動物収集のために単身アフリカに渡っていた林寿郎氏（当時、企画係長のちの上野動物園長・故人）がキリン、カバ、サイなど13種48頭というアフリカ動物群を連れて帰ってきたのである。

動物園の人気は復活した。

ようやく戦後の脱力感から解放され、復興の気概に燃える人々がつかの間の安らぎを動物園に求めたからである。

個人的なことで恐縮だが、私もこの年に上野動物園に入った。4月、獣医の大学を卒業し折から行なわれていた70周年記念祭の臨時要員として念願の動物園に就職を果したのである。

友の会50周年記念は奇しくも私個人にとっても上野動物園就職50周年の記念すべき年ということになる。

これはぜがひでも今回の「友の会の日」には参加せねばなるまい。しかも、50周年記念行事のメーン企画が、俳優・浜畑賢吉さんのミュージカルトーク『もどれ　インディラ！』とあってはなおさらである。

実は、このミュージカルトーク『もどれ　インディラ』の原作を書いたのは私なのだが（平成4年に佼成出版社から刊行）、まさかそれが浜畑さんの目に留まり朗読の対象に仕立て上げられようとはまったく予想もしなかったことなのである。ご存知のようにインディラはゾウの名前、昭和24年9月、インドのネール首相（当時）から日本の子どもたちへ「平和の使者」として贈られたメスのゾウだ。

私は飼育係・落合正吾さんとインディラの交流の温かさにいつも心惹《ひ》かれていたが、ふとしたはずみでインディラが屋外に脱出するという事件が起きたとき、落合さんの取った行動はまさに飼育係の真髄《しんずい》を示すものであった。

私は、みんなにこのことを知ってほしい。子どもたちにはぜひ知ってほしい、と心から思った。

その思いが形になったのが小学中学年対象の実録童話『もどれ　インディラ』なのである。

しかし、小学生向けのこの童話の朗読が大人でしかも動物を知り尽くしているような会員の集まりで、果たして共感を得ることができるのであろうか。浜畑さんの俳優としてのキャリア、ミュージカル分野での数々の成功は周知の事実であるけれど、原作の内容はそれについていけるであろうか。いささか心配であった。

不安と期待の入り混じった不思議な感情を胸に抱えながら動物園ホールの扉を押すと、中はもう立錐《りっすい》の余地もないほどの満員であった。

齋藤理事長の挨拶が済むといよいよ浜畑さんの登場。これも演出なのであろうか、気さくに羽織った白のジャケットは右手にもった『もどれ　インディラ』の本をさりげなく目だたせる。

本田成子さんのピアノに乗せていよいよミュージカルトークの始まり。

高椅子に腰掛け左手に本を半開きにし、柔らかな視線をそこに漂わせながら静かに唇が開くと、感情をこめたよく通る声が聴衆の耳朶《じだ》（耳たぶ）を打ち、部屋のすみずみまで染み通っていく。

前半のインディラと落合さんの交流のシンボリックな出来事、ゾウの浣腸《かんちょう》のくだりでは緊張の中にも笑いが漏《も》れ、いつの間にか浜畑さんに落合さんのイメージを重ねていることに気づく。

後半はインディラが屋外に脱出して部屋に戻ろうとせず、飼育係たちが万策尽き果てたとき、胃癌《いがん》で入院中だった落合さんが駆けつけて活躍する話。

淡々とした朗読なのにその声、感情は聴衆の心の奥に響き、事件の1週間後に落合さんがインディラの名を呼びつつ亡くなるくだりでは忍び音がもれる。私自身、原作者であることを忘れて感動し、朗読のもつ凄さに酔いしれていた。

帰途、不忍池畔の揺れ動く柳の枝がまるでインディラの鼻のように見えた……。

（2002・10）

カバ園長の陶芸展

久し振りにデパートに行った。

3月24日、池袋の東武デパートである。

実はこの日「カバ園長」こと、東武動物公園長・西山登志雄氏が開く陶芸展の最終日だったのだ。西山さんが陶芸に手をそめているとは聞いていたけれど、展覧会を開くほどとは正直思っていなかったので、その内容にとても興味があったのである。

それというのも、一見、武骨に見える彼の風《ふう》貌《ぼう》からは想像できないような繊細《せんさい》さがあることを知っていたし、若い頃の動物写真の作品の中にも、それをうかがわせるものが数多くあったからである。

会場は本館10館の催事場の一角であった。個展、というような物々しさのない雰囲気が、いっそ彼の庶民性を表していてむしろ好感をもって迎えられていたようだ。

「ほとんどがカバとゴリラなんですよ」

カバをあしらった東武動物公園のTシャツにカバの記章のあるマドロスハットという相変わらずの西山スタイルで作品に目を注ぐ。確かに、若干の茶碗や皿などもあるけれどほとんどの作品が動物の置物で占められ、しかも大部分がカバとゴリラだ。それぞれ数百箇はあるだろうか。

同じ種類の動物の置物がこれだけ並ぶとそれだけで壮観だけれど、そのどれ1つとっても同じものがないというのが凄い。これが「手びねり」陶芸の特徴だろうけれど、カバもゴリラも1体1体それぞれの顔、それぞれの表情をもっているのである。

「カバはもう1、500匹はつくったでしょうか。でも特定のカバではありません。デカオでもザブコでもないのです。言うならば、私の心の中のカバということでしょう。それぞれのカバに愛着があると、それだけ特定のカバはつくれないいんです……」

私は西山さんの言っていることが、なんとなくわかるような気がして改めてカバたちを見る。確かに、それぞれに特徴はあるけれど、私と西山さんが共通に知っている特定のカバを想像させるものは1つもないようであった。

ただ、カバをつくるとき、いちばん心がけているのが、体の線のなめらかさを出すことだという。「カバは大きな図体《ずうたい》で、必ずしもカッコよい動物とは受けとめられないけれど、あれほど、水になじんで、美しいフォルム（形態）をもっている動物はほかにない」と彼は言うのである。ある学者がこの動物を「水中のバレリーナ」と呼んだけれど、実際に水中を泳ぎたわむれるカバたちを見ていると、その表現が決して誇張でないことがわかる。

だから「ひと筆書きのようななめらかさでカバができたら最高です」と言う西山さんの気持ちも理解できるような気がするのだ。

そっと手に取ってみると、その瞬間に生命《いのち》を吹き込まれたかのように、にわかに生き生きするように感じる。手のひらの上で、あの、カバ特有の肌触りが蘇《よみがえ》り、突出した目玉がギョロリと動くように思われるのである。

「それにしても、ゴリラがこれだけ多いのは何か意味がありますか？」

私は、大小さまざま、それぞれの表情で並んでいるゴリラたちを見ながら、会場に入って以来、ずっと気になっていたことを口にした。彼のキャリアから言っても、ニックネームから言っても、カバに特別の執念を燃やすのは理解できるけれど、ゴリラ、というのが今ひとつピンとこなかったからである。それにしても、この数の多さにも圧倒される。子どもの頭ほどの大きさのものから、手のひらにのるほどのミニサイズまで、これまたそれぞれの表情で並んでいる。まるで寺院境内で五百羅漢《らかん》を見ているような錯覚にとらわれるのである。

「ローラですよ、ローラ。彼女が上野へ行ってから無性につくりたくなって、いつの間にかこんなにたくさんになったんです……」

彼は、手前のゴリラを1個取っていとおしそうに撫《な》でながら、少しはにかむようにそう言った。4年前のことになるであろうか、東武動物公園は上野動物園からの要請に応じて、たった1頭しかいなかったゴリラのメス〝ローラ〟を繁殖作戦に参加させたのである。

近年、ゴリラの繁殖には家族的な群れ飼育が必要ということが明らかになり、日本の動物園でも上野動物園がこれを取り上げ、ズーストック計画の一環として「群れづくり」を始めたのだ。しかし、どんな理由があるにせよ、たった1頭しかいない宝物のような動物をよその園に出すということは余程の決断がなければならない。それも、西山園長にひときわの思い入れのあるローラならなおさらのことだ。彼女を上野動物園に送り出してからも悩みは続く。それが「ゴリラという動物を絶滅から救う究極の方法なのだ」と理屈ではわかっていても、心のどこかにぽっかりと空《あ》いた穴はどうすることもできない。

ローラを見送ったその日を境に西山園長のゴリラづくりが始まる。はじめはローラそっくりだったけれど、ここにきて、カバがそうだったように、普遍的なゴリラの表情に変わってきたという。不思議なことに、そのプロセスに沿うように心の穴もいつしか埋まったのだ。

「全部で688個ですよ……。あれから時間を見つけてはつくり続け、数えてみたらこれだけの数になってしまいました」

西山さんは半ば照れながらそう言った。そんなカバ園長を、置物の動物たちの視線が春のようにやさしく包む。

（1998・5）

進化の隣人たち

・石器を使ってナッツを割るチンパンジー

9月の始め、岡山駅から瀬戸大橋線、宇野線と乗り継ぎ、最寄り駅である備前田井という駅に着いた。宮古島付近を通過中という折からの台風の余波であろうか、小雨混じりの強い風が時折、頬《ほお》を横殴りにする。

「お迎えに参りました、伊谷です」

この日の訪問目的である林原類人猿研究センターの所長さんが自ら車を駆って待っていてくれる。無人駅でタクシーも無い状況だけにあえてご好意に甘えることにしていたのである。

研究所は車で約20分、出崎半島の先端、目の前がすぐ海という環境の中にあった。研究所の建物に附属しているチンパンジー放飼場の1部、高い櫓《ろ》のような建物が外から垣間見える。既に写真等で何回か見たことのあるお馴染みの施設だ。

この研究センターは、生物化学企業グループである林原グループが経営する研究施設の1つだが、その施設もスタッフもポリシーも大学や公立研究所に比べても遜色《そんしょく》がない。むしろ、公的な制約がない分だけ自由度は高いかもしれない。

「この8月、この施設で初めての赤ちゃんが生まれましてね。見てやってください」

　まるで初孫を紹介するような口調で、相好を崩しながら伊谷さんが言った。そう言えば、このセンターではチンパンジーたちを決して動物扱いしていない。「今までこの施設のチンパンジーは5人でしたが赤ちゃんが生まれて総勢6人になりました」などとなんのてらいもなく言うのである。チンパンジーとヒトの遺伝子の違いはわずかに1・23％にすぎず、500万円前まで祖先を共有してきた進化上最も身近な隣人なのだという研究実感がそうさせるのであろう。

　事実、この施設が開設された2001年8月には迎え入れた5人のチンパンジーたちと所員が24時間、起居を共にして互いの融和を図ったと言いますし、現在でも毎晩所員の1人が夕食を共にし、寝付くまで傍《かたわ》らで添い寝することが決まりになっていると言うのである。こうすることによって、チンパンジーたちと所員の間の心理的垣根がなくなり、ありのままの行動を見せてくれるようになるのだ。

　私は、この話を聞きながら突然のように上野動物園のチンパンジー飼育係で名トレーナーと言われた山崎太三氏のことを思い出した。スージーというわずか3歳のチンパンジーの飼育と調教を任されたとき、どうしても馴れない相手に考えあぐね、最終的に導き出した方法は「私がチンパンジーになる！」ということだったのである。彼は、その晩から毛布を1枚もってスージーの部屋で寝泊りするようになり、まさに寝食を共にしてついにスージーの信頼を勝ち得たのであった。

　目的はちがうけれど、研究センターのスタッフが取った行動はまさに山崎氏がたどり着いた結論と同じだったと言えよう。このことによる成果は研究面で充分に活かされるのだが、チンパンジーの実生活の面でも遺憾なく発揮されている。

その1つが8月の出産のときであった。類人猿の出産・子育て行動は学習によるものであることがわかっているが、センターで性成熟を迎え、受胎し、初めて出産する「ツバキ」には、今まで子育て学習の機会がない。ただ1つの救いはツバキ自身が3歳まで母親に育てられた経験をもっているということであろうか。スタッフは事前に黒いお人形を抱かせたりする訓練もさせたけれど効果のほどは誰にもわからない。

2005年7月8日早朝に陣痛が始まったとき、獣医師を含む3人のスタッフが分娩介助のため産室に入った。分娩などという最も神経が昂《たか》ぶるときに3人もの人間が産室に入るなど、ふつうではとうてい考えられないことだけれど、スタッフを仲間として受け入れる状況が整っていればこそ許される行動だったと言えよう。

その象徴的な出来事は分娩間じかの強い陣痛のときに起こった。ツバキが突然、スタッフの1人の長靴にしがみつき、自分の腹部に押し当てたのである。その意図がなんであるかわからないけれどスタッフはツバキの「いきみ」に合わせて長靴で圧し娩出に協力することになったのだ。

私は、所長さんの話を聞きながら久しぶりで飼育現場に戻ったような軽い興奮に体が火照《ほて》った。

「そして、このような私たちの体験や研究成果は、市民のみなさんにも還元できるようになればと思っています。既に子どもたちへの学習支援活動を始めていますし、自然史博物館を開設する計画もあるのですよ」

研究所を出ると、眼前に広がる海に「兎《うさぎ》が駆け抜ける」ように白波が踊り、かつて村上水軍に備えての見張り場だったという小島の松が一幅の南画のようであった。（2005・11）

園遊会

その日はあいにくの雨であった。低気圧の通過だそうで、5月19日当日の1日だけが雨天なのである。ただ幸いなことに吹き降りになるだろうという予想とはちがって、比較的おだやかな皐月《さつき》らしい雨模様であった。

「本日の赤坂御苑で行なわれる園遊会は予定通り行なわれます。雨具の御用意されて来園されますように」、あらかじめ指定されていた10時58分にニッポン放送に波長を合わせると宮内庁からのお知らせが流れる。

この日、皇居近くの都内ホテルに宿泊していたので、この放送を聞きながら身支度を整える。最近では皇居関係のパーティーでも平服のところが多いのだけれど、この園遊会だけは伝統的に男子はモーニングコート、女子はデイドレスが選択肢の第一なのだ。

それにしても総理府を通して今年の園遊会に出席をされたいとの御連絡を受けたときにはいささか驚いた。園遊会の様子などをテレビや新聞で見ることはあっても、自分がその当事者になるなどとは思ってもみなかったからである。しかも現職の頃ならまだしも、上野動物園長を辞してもう10年に近く、いささかのためらいが心をよぎる。

「動物保護審議会委員としてのお招きです。長年の動物保護行政に対するお仕事に関連してのことと思いますが……」

総理府の担当官は私の心の動きを推し測ったようにそう言葉を続けた。

午後1時過ぎ、予約していたハイヤーが来て、ドライバーに「園遊会自動車標識」を渡す。桜花のマークに識別ナンバーの入った黄色のカードは御苑東門からの参入のしるしである。雨はまだ止まない。5月の緑が雨に濡れていっそう鮮やかな色調を見せる街路樹を抜けて約15分、車が急に速度を落とすともう東門である。

「どうぞ、こちらです」。モーニング姿の宮内庁職員が傘《かさ》を差しかけながら先に立って園内を案内してくれる。驚くほどの圧倒的な緑、丹念に手入れさせた樹木の数々は池の面に影を映してまるで一幅の絵のような趣きがある。

「中川様には陛下からのお言葉があると思いますのでこちらにお並びくださいますか」

予想外のことであった。その日お招きを受けられた方々は1、900人余とか、私たち夫妻は遠くからお姿を拝せれば幸せと思っていたのである。指定された場所は上池・中池の間を通る園路の突きあたり三叉路のコーナーであった。天皇皇后両陛下と皇族各殿下は、中池の三笠山側園路中ほどからのお道筋をお廻りになり、この三叉路を経て中池・下池の中央口からお発ちになられるのである。

午後2時10分、定刻に天皇・皇后両陛下が御到着になり君が代が雨空の下を低く流れる。お道筋にそって式部官長が先導し、天皇、皇后そして皇太子、皇太子妃、親王、親王妃、内親王を供奉員が随従されるのだ。

雨は小止みなく降り続く。しかし、池の面をたたく雨あしはわずかに輪を確認できるほどの強さで傘を差すかどうか迷う程度にとどまっている。

お道筋の始めのほうからにわかに華やいだ雰囲気が伝わってくる。おそらく唯一取材のあるその場所で今年話題の招待客たちと陛下との打ちとけた交流があったのであろう。両陛下が三叉路にお入りになったのは午後2時30分頃でしたでしょうか。

「動物保護審議会委員の中川さんです」

式部官庁が右手を私のほうに向けると、陛下は真っ直ぐに私を見られた。温かくおだやかな眼差しであった。

「……あれは礼宮《あやのみや》がまだ小さい頃のことでしたね……」

公的な仕事のことなどお話しされたあと、陛下が突然にそうおっしゃった。私がまだ上野動物園の動物病院にいた頃、まだ皇太子であられた陛下のお召しでたびたび動物の健康診断や治療に東宮御所におじゃました頃のことをお覚えになっておられたのだ。当時から生き物に関心のあられた礼宮様（現秋篠宮殿下）は、そんなときは必ず御一緒でしたし、陛下はとても丁寧にご説明なさっておられたのである。

縁というものは誠に不思議なものだ。その礼宮様が秋篠宮殿下となられ、ちょうど私が日本動物園水族館協会の会長を務めていたときに、この協会の総裁にお迎えしたのである。わずか数分のお話の時間でしたのに、それらのことがめまぐるしく私の脳裏に点滅する。

「いろいろなお仕事をされてお忙しそうですけれどお体をお愛《いと》いくださいませね……」

慈母という表現そのままのおやさしさで皇后さまがお声をかけてくださる。妻が緊張の面持ちで深々と頭を下げた。

私にとっても思いがけないことのなりゆきであったけれど、彼女にとってはまったく驚天動地の時間であったにちがいない。

「博物館のほうはその後どうですか……」

皇太子さま御夫妻・秋篠宮御夫妻にお言葉をいただいたあと、常陸宮様が私たちにお近づきになり声をかけられた。常陸宮・同妃両殿下は私が館長を務める茨城県自然博物館の開会式に御臨席くださったこともあり、お手植えの木もあっていつもお気にとめてくださっているのである。

「この5月、開館後4年半で250万人目のお客さんを迎えます」と申し上げると、とっても嬉しそうににっこりされたのである。雨はとうとう止まなかった。でも私たちの心は満たされ、皐月晴《さつきば》れのように輝いていた。池の端の紫《し》蘭《らん》の美しさがまばゆい……。（1999・7）

菅生沼の夕映え

・天皇皇后両陛下をお迎えする（茨城県自然博物館にて：2000 年 12 月 12 日）

雲ひとつない冬晴れの午後。

木枯らしが日の丸の旗の波を吹き抜ける。白バイに先導された御料車がお迎えの児童たちの中を緩やかな速度で茨城県自然博物館のエントランスにお着きになる。

平成12年12月12日午後3時42分、天皇皇后両陛下が御料車から降りられると、児童たちの間から一斉に喚声があがった。にこやかに手を振られる両陛下。

あとでお聞きしたところでは、博物館への沿道にも多数の市民がお出迎えのために出ており、御料車はずっと窓を開け放ち終始徐行されて運行されたのだという。

今年一番の低い気温の日、しかも日が西に傾きかけた時間だけに、両陛下の市民への熱い眼差しを見る思いであった。

「コハクチョウが見えませんね」

館内に入り、2階のバードウォッチングカフェから眼下に広がる菅生沼《すがおぬま》を展望され、双眼鏡を覗《のぞ》きながら独り言のように陛下が呟《つぶや》く。

冬期、この沼にはコハクチョウの群れが渡来することをすでにご存じなのだ。あるいは皇太子様、常陸宮様がすでに冬期にこの博物館をご訪問され、やはりこのカフェからハクチョウたちを観察されていたのでお聞き及びであったのかもしれない。

残念であった。

眼下のハクチョウの群れ、マコモの根を啄《ついば》む夕映えの中の優美な姿をお目にかけたいと思い、双眼鏡の焦点も合わせてあったのだけれど、強風が鳥たちを視界の外に押しやってしまったのであろう。

「ああ、本当にビロードのよう……」

動物たちの毛触りを実感してもらうハンズオン・コーナーで皇后様が陛下のほうを振り向かれる。キツネ、イタチ、タヌキなどの中で一番小さなモグラに触れられたのだ。

わざわざ手袋を脱がれ、お目を細めるようにして触感を確認されてからの御感想であった。私はその瞬間に自分でも思いがけないほど鮮烈に30年も前のことが脳裏をかすめるのを感じていた。

当時、皇太子であられた陛下が東宮御所で種々の動物を飼っておられ、上野動物園の獣医であった私は時々お手伝いに参上していたのである。

そのときには幼い秋篠宮様が必ずと言ってよいほど姿を見せられ、そのうしろに若い皇后様のお姿があったからである。

皇族の方々の生物への深いご関心は、こうしてモグラに実際にお触れになられるような皇后様のお心に育てられた部分があったにちがいないと今さらのように思ったのだ。

淡水生物展示コーナーの前では陛下が前かがみになられ、水槽のガラスに額がつきそうな距離でイワナ、ヤマメ、ウグイなどをご覧になる。魚類学会に属され現在でも御研究を続けられて学術論文も発表される陛下はハゼの世界的な学者なのだ。

「飼育係の人に有り難う、と伝えてね」

陛下のためにせっかくアゴハゼを50匹も離したのに、みんな岩陰に潜《ひそ》んでしまい、1匹も見つけることができなかったのだ。でも、その飼育係の気持ちが嬉しいというのである。陛下は生き物を飼う者の心情を本当に理解しておられる、と私は思った。

「ああ、やはりいましたね」

「ほんとうに、あんなに数多く」

館内にセットされているモニターテレビの前で両陛下が口々におっしゃる。博物館屋上に設置されているテレビカメラが、今しも菅生沼をとらえており、その映像が暮れなずむ水面に群れ泳ぐコハクチョウの姿を映しだしていたのである。担当の展示解説員がズームするとハクチョウたちの姿は一段と鮮明になり、その数はゆうに数十派に達していたであろう。

「良かった」と心底私も嬉しかった。ぎりぎりで間に合ったのだ。おそらく、風が凪《な》いで定位置に戻ったのであろうけれど、私の日には絶好のタイミングでハクチョウたちが戻ってくれたように思われたのである。確かに、その直後に日は完全に落ち、視界はにわかにぼやけていったのである。

「ああ、ほんとう、『はじめての　やまのぼり』があるわ……」

ご休憩室への帰途、乳児保育室に皇后様が足をとめられる。ここは赤ちゃん連れの若い母親のために特別に設けられた、男子禁制のほ乳室。ここには子どもたちのために童話の本などが置いてあるのだけれど、その1冊が皇后様の創作童話なのである。

午後5時半、もう外はすっかり暗くなったけれど、みんなの顔はいきいきと明るい。にこやかにお手を振られる両陛下の笑顔がすべての関係者の心に灯をともしたのだ。小さくなるテールランプが温かい。

（2001・1）

『落ちこぼれの昆虫学』

会場はいっぱいの聴衆で溢《あふ》れていた。茨城県自然博物館の映像ホールはほぼ280の座席があるのだけれど、係の者があわてて補助椅子を並べている。

一見して昆虫の研究者とおぼしき人たちも目につくけれど大半は家族連れが多い。

先生を先導して舞台に上がると、期せずして大きな拍手が起こった。それは明らかに日高敏隆先生のレクチャーに対する期待の拍手そのものであることがそのトーンでわかる。しかも、最前列に並んでいる子どもたちが最も熱心に手をたたいているのだ。私は先生を所定の椅子に案内しながら今さらのようにその幅広いファンの存在に舌を巻くと同時に、この日の成功を確信した。

実は、博物館の特別企画展「シーボルトと日本の自然」の記念講座の講師に先生を招くことを決めたときの一抹《いちまつ》の不安は、超多忙の先生がこの地まで来てくださるかどうかということと共に、先生のお話が一般市民にわかってもらえるかどうかということだったのである。

滋賀県立大学学長の激職をこなしながら動物行動学会の会長を務め、その八面六臂《はちめんろっぴ》の活躍は昨年度の南方熊楠賞を受賞するほどのレベルのものだったからである。

「いやあ、話の内容は聴衆の反応を見ながらその場で考えますよ……」

先生が講演に来てくださることを快諾していただいたとき、先生はそうおっしゃられたのだが、そのことは聴衆の多くが先刻ご承知だったのだ。作家・井上ひさしの言葉に「難しいことを易しく、易しいことを面白く、面白いことを重く」が表現の極意だというのがあるそうだが、先生はそのことが可能な稀有《けう》な存在なのである。

あらかじめ用意されていた演題は、シーボルト展にふさわしく『なぜナチュラルヒストリーか』というものだったけれど、レクチャーが始まるとすぐに、本題のナチュラルヒストリーを枕にしてしまいすぐに聴衆が期待しているであろう昆虫の世界の話にするりと移行してしまったのである。その呼吸は見事というほかない。

それともう1つ、心憎かったのは先生の服装であった。先生ほどの大学者なら当然スーツ・ネクタイと思うのがふつうで、私もそれに合わせるべくスーツ姿で紹介にあたったのだけれども、先生はノータイのままであった。

「このほうがいいんですよ。こちらがくだけないと相手もくだけられませんから……」。そして、このことは、講演あとのアンケートで見事に立証されていたのだ。家庭の主婦、というアンケートの記入者は「先生のファッションが良かった。大先生というので、どんなにか緊張していたのだけれど、舞台に上がった先生の服装を見て一瞬で緊張がほぐれた。そして話もわかりやすく、すごく貴重な体験ができました」と書いていたのだ。

動物行動学者は動物ばかりか、人の行動を読むこともたけているということであろうか……。それだけに、講演も老若男女とりませての多様な聴衆の関心を一点に見事に集中させるものであった。圧巻は昆虫という生き物を理解させるために黒板をいっぱいに使ったアリの話であった。子どもたちに、アリを見ないでアリを書く、アリを見ながらアリを書く、先生が説明を加えながらアリを見ながらアリを書く、という3段階で書かせたとき、子どもたちの絵はどのように変化するか、を具体的に示したのである。

アリを見ないで書いたときの絵は、なんとなくアリっぽく見えるけれど、既成概念で仕上げたアリは本物のアリにはほど遠い。アリを近くに見ながら書かせても、既成概念がじゃましてまだ本当のアリが書けない。ここで、指導者がアリをもう1回見るように指導し、説明を加えると、初めて本物のアリが用紙の上に出現するというプロセスの話だ。汗をかきながら、身振り手振りを加えての話は、その内容の面白さもさることながら先生のサービス精神、理解してもらおうとするひたむきな姿勢が聴衆の心を打つ。

1時間を超えるレクチャーなのに、あれだけの子どもたちがいながら私語ひとつ起きない。

先生はアリの話をしながら、いつの間にか本題の『なぜナチュラルヒストリーか』に再びするりと戻っていったのである。先生が言いたかったのは、ナチュラルヒストリーの本質は「物（資料）」にあることと、そして、それをピュアな目で観察し、記録することに原点があることを伝えたかったのである。しかも、第3段階に「指導者」を登場させることで、博物館の存在の意義まで論及していたのである。

博物館の存在は「知の伝達者《インタープリター》」としての意義が大きいことが近年とくに世界的な潮流になっているけれど、それを「指導者」として登場させることでさらりと言ってのけたのだ。

「そうです、私は落ちこぼれで、小学校のときは不登校児だったんですよ……」。講演が終わって私とのトークタイムになったとき、先生は当時を思い出すような眼差しでそう言った。最近の先生の著書『ぼくにとっての学校』（講談社）を私が取り上げたのである。

本の帯には「登校拒否児が大学学長になるまで」「小中高校時代、三分の一しか出席できなかった落ちこぼれが、学問を志し、苦学しながら外国語を習得、独自の発想法で動物行動学界のリーダーになるまでの全軌跡」とある。

この本には「好きなことを極めるために学問をする」ことの楽しさが横溢《おういつ》している。先生が退場の通路を進むと再び万雷の拍手が起こった。

（2000・6）

Animals

教育と飼育

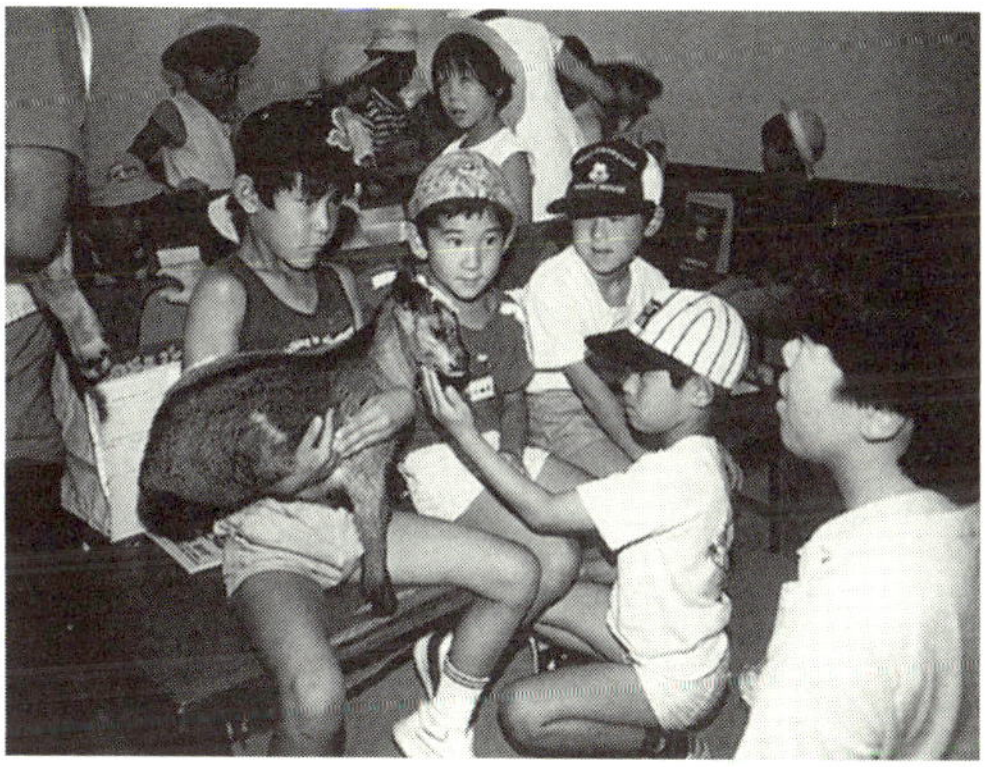

・「動物たちとのふれあい」（子ども動物園にて）

今年の夏の暑さは確かに異常だ。

昨年、ヨーロッパが異常な暑さと豪雨に見舞われ、熱中症の頻発と時ならぬ大洪水が起きたけれど、今年の日本はまさにそのコピーのようである。

7月19日「海の日」も例外ではなかった。早朝から体温に近い熱気がビルの間に充満する。この酷暑の中で、都心で開かれる「動物愛護シンポジウム」などに人々が集まってくれるであろうか。いささかの懸念を抱きながら、有楽町駅にほど近い会場の「よみうりホール」に急ぐ。

このシンポジウムは、動物ケアの専門家を養成する学校法人・ヤマザキ学園が、日本で初めての動物看護短期大学開学を記念して企画したものだ。

ホール9階、シンポパネリストの事前打ち合わせ室では、既にコーディネーターを務める山崎薫さんが待ち受けており、ほどなくパネリストの東京大学教授・副学長の林良博さん、女優で愛犬家のジュディ・オングさんが加わる。

テーマは、昨今の青少年犯罪とココロの問題に絡めた「動物愛護と青少年の教育を考える」と決まっており、私は基調講演を受け持つことになっているのである。
1、200人収容のホール会場はほぼ満席であった。
この異常な暑さ、連休の中の1日であることを考えると、これは大変な数であり、テーマへの関心の高さを示すものであろう。

この熱心な聴衆に何を話すべきであろうか？基調講演の依頼があったとき、反射的に私の脳裏に閃いたのは元上野動物園長で「日本動物園の父」とも呼ばれる故古賀忠道先生の温顔であった。

昭和20年代、戦後の荒廃の中で子どもたちの心が荒《すさ》み、盗み、かっぱらい、傷害事件などが報道される中で、先生は動物愛護を通しての「ココロの教育」を提唱され、その具体化の1つとして「子ども動物園」の創設を決意されたのだ。

檻の中の動物を見せるだけの動物園ではなく、動物と子どもたちが一緒の空間を共有し、互いにふれあい、交流しあって、生き物としての実感を体験する場こそココロの発育に不可欠であると信じたのである。

現在でこそ、動物園の定番の施設として親しまれている子ども動物園も、それまで日本には育っていなかったのだ。先生にとっても1つの賭《か》けであったかもしれない。当時のＰＴＡ新聞（1948年）に次のように書いているのだ。

「現在の世の中に最も不足している弱者をいた労わる心を子どもたちの心に植えつけたい。子ども動物園のような施設が日本国中にできて、理科に役立つと共に情操教育の場として利用されるようになれば、子どもたちの心に及ぼす影響の、決して小さいものでないことを信じる」

幼少時に生き物とじかにむきあい、ふれあい、その「いのち」を実感することは、人間性形成の上で不可欠の要因であると考えたのだ。

しかし、その実現に当たっては、周到な準備とそのための人材育成が極めて重要であることを既に強く提言している事実に古賀イズムの真価を見るのである。

「子ども動物園の実際の運営は、非常に難しいと思っている。動物舎の中に子どもたちを入れて、動物の世話をさせたり、動物を愛撫させたりするには、動物を十分に馴らしておくことが必要だし、特に、動物をよく知り、且つ、子どもたちをよく理解できる優秀な指導者が必要である。と言うよりも、適当な指導者がいるかどうかは、子ども動物園が成功するかどうかの分かれ道であると言えよう……」

先生は、子ども動物園運営の基本的なスタンスを「教育と飼育の同化」、即ち、飼育の体験、体感そのものがそのまま教育になる不可欠のものと考え、そのための優れた指導者の存在こそ成功のカギである事を予見したのである。

私は、先生の考え方を改めて反芻《はんすう》しながら、ふと、R・カーソンの著書『センス・オブ・ワンダー』の一節を思い出していた。

「子どもたちには生まれつき備わったセンス・オブ・ワンダー（神秘さや不思議さに目を見張る感性）がある。それを維持し、伸ばしていくためには、少なくともひとり、その出会いと発見の喜びを共にする大人の存在が必要だ……」

優れた海洋学者であり、化学性農薬の問題点をいち早く提唱した彼女もまた子どもの心の成長にとって動物や植物の織り成す自然の体感こそが不可欠と感じていたのである。

私は、この2つの挿話を中心に話を進めた。基調講演、パネル・ディスカッション併せて2時間の長丁場にもほとんど立つ人のないシンポジウムであった。

外に出ると、再び熱風。しかし、心にすがすがしい熱風であった……。（2004・9）

『野生のエルザ』の真実

・ジョイ・アダムソン女史と（1975年10月14日上野動物園にて　写真提供：東京動物園協会）

2月10日朝、何気なく朝刊を開いたとき、稲妻のように目の中に飛び込んできた写真があった。テレビ番組欄の片隅に載っていた、いわゆる「番宣」の1つなのだが、「今夜のおすすめ」と題されたコラムの中の写真、それは紛れもなくライオンと戯《たわむ》れるジョイ・アダムソン女史、その人だ。

おそらく、アフリカ・ケニアのキャンプ内であろうと思われる場所に彼女は腰かけ、両手を差し伸べ、その両腿に前肢《ぜんし》を掛けて半立ちになった巨大な雌《めす》ライオンとじゃれているのである。『「野生のエルザ」の真実』というBBC制作によるその番組は、BS朝日（BSデジタル5ch）によって放映されたのだが、私は釘づけになって動くことができなかった。

その理由の1つは、今から約37年前、1975年10月14日、当時、上野動物園の飼育課長をしていた私は、来日していた彼女を動物園にお迎えし、およそ2時間ほどの滞在時間を共に過ごした記憶が鮮烈に蘇《よみがえ》ったたということであろう。

それは、動物と関係あるどんな人物ともちがう、かつて経験したことのないような、強いインパクトを受けた記憶であった。当時、彼女は紛れもなく世界で最も著名な女性の1人であった。

1950年代、作家でもあった彼女は、狩猟監視官としてアフリカ・ケニアで勤務していた夫、ジョージ・アダムソンと共に現地で過ごし、その時の稀有《けう》な体験を本として著わし、熱狂的な支持を受け、ついに映画化されて世界を魅了したのだ。

それが、野生で孤児となったライオンをキャンプに引き取り、彼女が母親代わりになって育て上げ、再び野生に戻すという前人未到の記録『野生のエルザ』3部作『Born Free 1960』、『Living Free 1961』、『Forever Free 1962』である。クライマックスは、ジョイ・アダムソン夫人によって育てられ、野生に戻された3歳になったエルザが、3頭の子どもを連れてジョイのもとを訪れるという場面だ。

映画化された『野生のエルザ』（1966年）が、世界的な感動を巻き起こしたのもここに凝縮されるであろう。

それまで、強大な肉食獣として狩猟の対象でしかなかったライオンという動物がかくも個性的で人間にも慣れ、野生化しながらも育ての親のことを忘れず、子どもを連れて戻ってくるという情感の持ち主であるという事実は、ライオンのみならず人々の動物に対する見方を一変させたのである。

「あなたは、都市の中にある動物園というものについて、どのような考えをもたれているか？　檻《おり》の中の動物に対して、どのような感情をおもちか？　檻の中の動物と、野生の動物を比較して、何を感じるか？」

上野動物園を訪れた彼女は、初対面の挨拶が済むや矢継ぎ早に質問をしてきた。そのことを確かめないと安心して見られないというような、鋭い眼差《まなざ》しがあって、有名人にお会いするという高揚する気分でいた私はいささか怯《ひる》んだ。

赤銅色に日焼けした彼女の腕には無数のひっかき傷の痕《あと》があって、エルザとの交流が必ずしも映画のような甘いものだけではないことを示しているのを見て、私は、彼女の質問の意味がわかったような気がした。

本来、自由に生きている動物たちを、人間の一方的な理由で檻の中で飼育し、観覧するというのは、当然、その「償い」が配慮されていなければならない。あなたには、その覚悟と実績がありますか!? ということであったろうと思う。

それだからこそ、彼女のエルザ関係3部作のどれにも「Free」というタイトルが使われているのであろう。いや、彼女のFreeの意味はもっと深くもっと切実なものであったのかもしれない。それというのも、アダムソン夫妻は、キャンプで保護した動物たちを野生に戻す運動を続け、その最中に不慮《ふりょ》の死を遂げるのであるが、その懸命な努力にもかかわらず、人間の繁栄を追い求める開発の波が、ライオンを含む膨大な野生動物たちの楽園を奪い、「自由」に生きることを拒否する侵襲《しんしゅう》（生体に傷害を与えること）を続けているからである。

アダムソン夫妻が命を懸《か》けて守ろうとしたライオン、チータ、ヒョウ、そして多くの動物たちの将来は暗い。今や、ケニアに住むライオンの数は2，000頭に満たず、絶滅が危惧《きぐ》されているという。1980年代からアフリカの人口は増加し、ライオンは追い立てられ、毒殺され、急速にその数を減じたのだ。しかも、これはひとりアフリカのライオンの問題ではなく、地球上のあらゆる地点で起きている悲劇だ。

「BORN FREE」すべての動物たちは、生まれながらにして、多くの生命の輪の中で自由に生きるように生まれる。それをどのように尊重し合って生きるか。エルザの目がそれを問いかけている。

（2012・3）

第6章

Animals

病気

矢ガモ

2月16日、朝11時。私は頃合を見はからって上野動物園内にある動物病院を訪れた。背中に矢のつきささったオナガガモが無事に保護され、ここで手当を受けていたからである。1月22日に板橋区の石神井川で、この痛ましい姿が発見されて以来、世人の注目を浴び、テレビ・新聞では連日その動向を報道、その成り行きが心配されたのだが、幸いにも、2月12日、上野動物園不忍池に飛来したところを保護したのだ。動物病院地階の隔離病室。

「ほら、あそこですよ……」

案内の獣医さんにうながされて室内に目をやると、タテヨコ50センチほどの金網ケージの中に問題のカモはいた。カモの仲間の通例だが、オスにくらべると体もひとまわり小さく色彩的にも地味でひっそりとうずくまっている。

一見したところ、これが長さ30センチもの矢を負ったまま1か月近くも生き延び、しかも石神井川と上野不忍池の間、8キロもの距離を往復した力の持主とは信じ難い。

近づいてみると、暗色の嘴《くちばし》にはつややかな光沢があり、褐色の羽毛には二様の濃淡の斑紋が鮮明で矢の抜去手術後の経過は順調のように思われる。今しがた輩出されたらしい糞塊《ふんかい》が1つ床の上にコロンと転《ころ》がっているが、形、硬さ加減、色彩いずれも正常のようだ。

ケージの中には、田型陶器製の餌鉢の中にアワとヒエが浮き、賽《さい》の目に切ったパンと小松菜が置いてあるが、食欲も正常で、ほとんど残餌はないらしい。

「さすが野生の鳥ですね、回復力がすごいですよ。12日に矢の抜去手術をしたのですが、もう、その傷あとはほとんどふさがってしまい、見つけるのに苦労するほどですよ」

獣医さんは、なかば誇らし気な語調で語り、限りなくやさしい眼差《まなざ》しでカモを見た。

すさまじい報道関係の取材の中で、このカモを保護し、こうして回復しつつあることが本当に嬉しいのである。

確かに取材の過熱ぶりはすごく、APが皮肉まじりにこの様子を世界に打電した（2月7日）のを見てもそれがわかる。このような報道に刺戟されてか、一般の人々の関心も日を追って高くなり、7日の日曜日にはこのカモを見るために1、000人を超える人々が不忍池につめかける騒ぎであった。

報道の人たちも、関心をもって集まってくる人たちも、決して悪意はないのであろうけれど、この異常な注目は、当のカモにとってはやはり苦痛であったにちがいない。

どこに行っても安心して休める場所がなくなってしまうからである。これは手負いのカモにとって命とりだ。

あれだけの矢が体にささっていれば、それが幸いにも急所を外れているとはいっても、行動の制約はさけ難く、採食にも移動にも大きなハンデを背負うことになるのである。

カモの移動先では、上野動物園をはじめ、板橋区や北区でも、大がかりな保護作戦を展開したが、それは、カモの体力が残っている間になんとかしたかったし、また、3月末にも訪れるであろうユーラシア大陸への渡りの時期に間に合わせてやりたかったからである。

だが、最初のうちの保護作戦はことごとく失敗した。仕かけたケージやネットに近づこうとせず、追いかければ必死になって逃げてしまうのだ。

不忍池に来たときでさえ、開けた水面にいることはほとんどなく、葦《あし》の生えている水面に身を置き、陸上に上がることがあっても、ほとんどの時間を植込みの中で過ごした。このような場所では、網《あみ》などの捕獲用具を使用することができないことを知っているのだろうと思う。言うならば野生のもののもつ本能的なちえというものかもしれない。

12日の早朝に不忍池の出島《でじま》（不忍池の中にかかっている弁天橋のたもとの突出した部分）で、このオナガガモは無事保護されるのだが、それには、ヒトとトリの間の微妙な心のかけひきがあったようだ。それまでの数週間は、どちらかというと、多くの人々が善意ではあったけれど、なんとか捕まえようとする欲が前面に出すぎていたのではないだろうか。

野生の動物はすべてそうだが、人間の考えていることを恐ろしいほど読むのである。

上野動物園のチームが成功したのは、おそらく、この点での心がまえがトリの警戒心を緩《ゆる》めることにつながったからであろう。

カモが最も安心できるであろうスポットに出島を選び、そこに餌《え》づけし、じっと待つという姿勢で決して焦《あせ》らなかったのだ。そうすることが、必ず保護のチャンスをもたらしてくれると信じたのである。

なぜ早く捕えないのか、という批判めいた声の中で、じっとチャンスを待つのは勇気がいることだけれど、それがプロというものであろう。

「カモの身になってみれば、何が一番良い方法か明らかです。私たちはカモがこちらに寄ってくるまで待つ、という方針を貫くことで今回は終始しました……」

実際に保護に立ち合った飼育係の言葉だ。

ピチャ、ピチャ……。突然、足元で鋭どい音がする。ケージ内のオナガカモが、ひらべったい嘴《くちばし》を水平に伸ばし、首を曲げるようにして、アワ・ヒエを食べ始めたのだ。

この分ならば、野生復帰もそんなに時間を取らずにすむであろう。おそらく、この原稿が活字になる頃には、北帰行を終え、ユーラシアの大地に翼を休めているかもしれない。（1993・3）

Animals

巨大サンショウウオ

このところサンショウウオとの縁が深い。

昨年11月には人工繁殖に成功している広島県安佐動物公園を訪れ、およそ500頭という特別天然記念物たちを目《ま》の当たりにした。その様子は本誌『うえの』でも紹介したが（1997・12月号）、12月には岐阜県郡上郡大和町《ぐんじょうぐんだいわ》を訪れる機会があり、ここで図らずも私が今までに見たこともないような巨大サンショウウオに出合ったのである。

この地を訪れたのは、この町に展示用動刻（内臓された機械で動く動物ぬいぐるみ）をつくる製作所（郡上ラボ）があり、依頼品の仕上がり工合を検査するためであったが、たまたま昼食のために立寄った割烹の庭池にその主はひっそりと沈んでいたのだ。店先に車をとめ、「彦河屋《ひこかわや》」という看板を横に見ながら店内に入ろうとしたとき、同行のラボの社長がふと足をとめて振り返った。

「この池には、随分昔からのオオサンショウウオがいるんですよ……」

私が動物に関心があり、とくに天然記念物になっているような動物にはとりわけ興味があることを知ってのことである。

「やあ、でかいですよ！」池を覗きこんだ博物館の動物担当、山崎学芸員が思わず声を上げる。そのうしろから覗きこむと確かに大きい。2メートル四方ほどの人工池には擬岩などが程よくあしらわれ、大きな鯉《こい》が数匹泳いでいるが、池底に沈んでピクリともしないサンショウウオたちは、その鯉よりもはるかに大型である。しかも全部で5頭、池の底を覆《おお》うように巨体を寄せ合っているのだ。近寄って見ると、鏡のような水面を通して暗褐色の下地に黒色不定形斑紋の特徴ある背中がくっきりと見え、扁平菱形の頭部に一対の鼻孔とケシ粒のような小さい目が点のように見える。

見渡してみると、5頭のうちとくに大きいと思われる1頭は、池の端《はし》のほうながら頭部と尾部が池の前後の壁に達しており、この大きさはとても尋常ではない。少なくとも私が今まで見てきた巨大といわれるサンショウウオの比ではない。ゆうに1メートルは超しているであろう。

「巻尺を借りられませんか？」

私は昼食のために訪れたことも忘れて、玄関先から店の人に頼んだ。どうしても、正確なサイズを知っておきたかったからである。全長、130センチ、頸部《けいぶ》幅16センチ、頭の幅22センチ、胴の幅21センチ、は、あらためてその大きさに2度びっくりした。私これほどのサイズはまさに記録ものだからだ。

サンショウウオの研究家で安佐動物公園の園長でもあった小原二郎《おばらじろう》博士の調査によれば、4006頭の計測の結果、最大のもので体長115・3センチであり、平均的なサイズは50〜70センチとされている。さらに、歴史的な記録を見ると、1963年に生駒義博《いこまよしひろ》さんによって報告された全長1・28メートル、体重23キログラムというものが最大のものとして知られている。小原二郎博士は、その著書『大山椒魚』の中で次のように述べている。

「オオサンショウウオの一般的な大きさは、全長が50センチから70センチであると考えてよい。そして1メートルを超すような大きなものは、特別に恵まれた環境にあって、成熟の状態を超えた巨大個体とでもいうべきものであろう」

さすれば、彦河屋庭池のこの「主」は、まさに巨大個体中の巨大個体と言ってよい。

「このサンショウウオは、私が40年前にこの家にお嫁に来たときからいるんですよ。その頃の大きさはおよそ30〜40センチぐらいだったと思いますけど……」

彦河屋のおかみさんが出て来て、当時を振り返るようにしながら教えてくれる。個体がどれかははっきりしないけれど、この池で1度は産卵が見られたともいう。それにしても30～40センチということはすでにそのときに生後7～8年は経ているわけで、それから40年、このオオサンショウウオはまさに半世紀を生き続けていることになるはずである。私は改めてこの「主」を見つめ、畏敬《いけい》の念を覚えたのであった。

「この先の長良川ぞいにオオサンショウウオを保護飼育している人がいますよ、もしよろしければ御案内しましょうか？」

私たちの興味の深さをみてとってか、おかみさんが先導でそこに案内してくれる。長良川の河川工事で傷ついたものを保護しているのだという。割烹から車で数分、長良川ぞいに走ると、その路傍に石碑がある。

「天然記念物大山椒魚棲息地」史蹟名勝天然記念物保存法により、昭和八年二月、文部大臣指定と記されている。この地区が生息地として指定されたときの記念碑だが、その後昭和27年（1952）には地域を定めず保護される「種《しゅ》指定《してい》」となり、特別天然記念物として現在にいたっているのはよく知られるところだ。

「とにかく、けがしたハザコがかわいそうでな。元気になるまで、ここで保護しとるわけで……」。この地方ではオオサンショウウオをハザコと呼ぶのだが、保護池からすくい上げて私たちの目の前に示しながら、ボランティアでこの仕事をしているという田代俊雄さんが言う。年齢89歳とはとても見えない元気さで、ハザコの背中をいとおしそうに撫《な》で、改修工事の進む河面に目をやる。確かに川幅は広くなり浜水はなくなったけれど、オオサンショウウオたちは本当に生き残れるのかどうか、それだけが心配だ、という田代さんの頰《ほお》を木枯らしが吹きぬけていく。

（1998・1）

ニーハオ　カンカン

・パンダ「カンカン」の行動観察（1972年10月）

カンカン（康康）は、上野動物園初代のパンダである。メスのランラン（蘭蘭）と共に日中国交正常化を記念して日本に贈られ、上野動物園始まって以来の大ブームを巻き起こした動物だ。

パンダ来園3年目の年間入場者764万人という記録はいまだ破られていないし、今後もこれを凌駕《りょうが》する数字は出現しないであろう。

今年4月、思いがけないことでカンカンに再び出会う機会に恵まれた。もちろん、剥製《はくせい》に姿を変えたカンカンだけど、剥製師の見事な技術力もあって、竹を口元に運ぼうとする仕草《しぐさ》はかつての愛らしい姿をまざまざと想起させる。

実は、茨城県自然博物館が春から初夏への企画展として「YAKUSO・野山は自然のくすり箱」を開催するに当たって、ひらめくように私の脳裏をよぎったのはカンカンのことであった。

もう、今から32年も以前のことだけれど、来日直後、パンダ特別公開のその夜、カンカンが風邪を引き、漢方薬の世話になったことがまざまざと思い起こされたからである。

その日、私は中国からの客人たちを見送りに羽田空港にいた。パンダ飼育指導のためランラン・カンカンと共に来日していた北京動物園のメンバーたちが帰国するのだ。秋の冷たい雨が滑走路を金属色に染めていたのを今でも鮮明に覚えている。

「中川さん、カンカンはまだ2歳、子どもです。注意しなければならないのは風邪引き、肺炎になってしまうと命とりになりかねません。鼻水が出ていたら注意してくださいね……」

搭乗の直前、飼養隊長の堵宏章さんが私の手を握りしめながらそう言った。そして夕方、そのことがなんとなく気にかかり、空港から帰ってパンダ舎に直行してみると、なんと堵隊長の言葉が予言であったかのように鼻水をたらしているカンカンの姿が目の前にあったのである。

肺炎に移行する前になんとしても食い止めなければならない。公開を控えて高まるパンダ人気もさることながら、何よりも、遠路、日本まではやって来た幼いパンダを守らなければならないというのがパンダチームの強い想いであった。

「抗生物質は使えませんね……」

獣医が呟《つぶや》くように言う。パンダは分類学的にはクマ科に属する動物で、本来、肉食性の動物なのだけれど、ご承知のように主食は竹、腸内にはその消化を助けるためにたくさんの微生物がいる。抗生物質は、病原菌のみならず有用微生物までも一緒に殺してしまう危険があるというのである。

雨の夜を獣医と私は上野の町に走った。抗生物質やサルファ剤を使えないとすれば、薬害がなく効果が期待できるのは漢方薬しかないと思ったからである。ようやく入手したのは葛根湯を主体とした漢方薬だった。パンダ飼育担当の本間氏がこれをカンカンの好物であるミルクに溶かし、適量の砂糖を加え、祈るような気持ちでこれを服用させた。

「飲めよ　カンカン　甘いぞ。そーれ、カンカ

ン　あーまいぞ……」

翌朝、カンカンの鼻水は止まっていた。動きも昨夜とは比べものにならないほど活発だ。漢方薬の効能とカンカンの生命力の強さが病気を克服したにちがいない。念のため、当時の美濃部都知事には夜のうちに病状は報告しておいたのだけれど、明けて翌朝、一番で回復報告ができたことは幸いであった。

考えてみると、パンダに限らず、野生動物たちの病気治療には、漢方薬のような天然自然の素材をそのまま使用することが理に叶《かな》っているような気がする。それは、野生動物たち自身が種類としての長い歴史の中で、自然資源の中から自分の健康を保つ自己治療・セルフメディケーションの技術を身に付けていることと相通じるものであろう。

事実、アフリカのチンパンジーたちが好んで食する植物172種類を調べてみたところ、そのうち43種類が人間の治療薬としても使用されていることが判明し、さらに食欲不振の際、ベルノニアという植物の髄《ずい》から出る苦い汁を吸い、元気を回復する行動も観察されている、という。

私が都立多摩動物公園にいた頃、ニホンザルの群れに野草の束を投げ与えたところ、予想外の行動を始めて驚かされたことがある。野草の中からドクダミを奪い合うように取り合い、真っ先に口にしたのである。特有の臭いのある植物なので、むしろ敬遠されると思っていただけに意外であった。ドクダミはジュウヤク（十薬）とも呼ばれ、日本薬局方にも掲載されるほどの薬草だが、サルたちは種としての経験の中でそれを知っていたにちがいないと思う。

薬草展は、カンカンとの出会いを実現してくれただけでなく、現代文明見直しのきっかけを与えてくれたような気がする。（2005・6）

子どもキリンからのメッセージ

・キリンの親子

久しぶりの秋田であった。

機上から眺めていると、秋田に近づくにつれて山間に広がる水田地帯が鏡のように光って見える。さすがに穀倉地帯といわれる地域であり、終わったばかりの田植えの名残りが薄緑色の淡い霞《かすみ》のようにそよいでいる。

空港には、秋田市立大森山動物園園長の小松さんが迎えに出てくれていた。昨年からの約束で、秋田市獣医師会の創立50周年記念式典での講演を依頼されていたのである。

動物園の園長には獣医さんが少なくないけれど、園長になってからも地域の獣医と関わりを持ち続け、そのネットワークを生かした仕事を実行している人は少ない。小松さんはその1人であるけれど、動物園が園内にとどまらず、外とのつながりで仕事をする機会は確実に増えているだけに、重要なことであろう。

講演までの若干の時間を割《さ》いて大森山動物園に立ち寄った。以前、上野動物園で仕事をしていた頃、動物舎の建設に当たってお手伝いをしたこともあり、懐かしく感じていたからである。

天候に恵まれた日曜日ということもあって、駐車場は空スペースを探すのに苦労するほどであった。年間30万人という入園者数は秋田市の人口と等しく、市民に支持されている証拠であろう。

「これはなんですか？」

正面入口の門前スペースの中央に2頭のキリン像が立っており、行き交う人々が親しげな視線を向け、ひっきりなしに記念写真を撮っている。これはたんなるデコレーションの彫刻ではないな、と私は直感して園長に問いの視線を向けた。

親のキリンが、長い首を緩やかに伸ばし、幼い子どもキリンの顔にやさしい愛撫《あいぶ》を送っているのである。その雰囲気は彫刻家の技量もあってまるで会話を楽しんでいるような趣さえ感じられるのだ。

「そうです。これには市民の方々を巻き込んだ1つのストーリーがあるのです……」

小松さんは、その経緯を獣医師会50周年記念誌に執筆されているが、幼くして脚を骨折してしまった子どもキリンと、それを助けようとする獣医さん、飼育係、そしてそれを伝え聞いた多くの市民たちのサポートの話だ。

「たいよう」と名づけられたオスの赤ちゃんは2001年8月19日生まれ、広い運動場を疾風のように走って人気者になっていたが、翌年の3月24日突然の事故で右足を骨折してしまったのである。

多くの哺乳動物にとって脚の骨折は致命的だけれどキリンのように体の大きな背の高い草食動物にとってはなおさら大変なことだ。救いは、「たいよう」がまだ子どもであり、体重も軽く、骨の成長する力も旺盛だということである。

大森山動物園の獣医師と飼育係たちは、骨折キリンにギブス装着という前代未聞の難行に挑む。

しかし、前例のない中で竹と長靴を利用した手づくりの義足で「たいよう」は起立し歩くことができた。しかし、伸び盛り成長盛りの子どもキリンにとって、この手づくり義足が機能し続けることが果たして可能なのであろうか。

私自身も上野動物園獣医時代、多くの動物の脚の骨折に出会い、義足も数多くつくったけれど、そのほとんどが悲しい結末で終わった。とくに育ち盛りの子どもの体重を支え続けることは無理だ。

「たいよう」もその試練は避けられない。でも獣医師も飼育担当も可能性を求めて努力の道を歩む。この出来事を知って多くの市民のみならず、県外はもちろん、国内各地、そして海外からさえも励ましのメッセージが届くようになったのである。

脚骨折という苦難のアクシデントを受けながら、それでも生きようとして頑張る子どもキリン、そしてそれに応えようとする動物園スタッフ、そしてその周りに、幾千幾万という心のサポーターの人垣ができたのだ。

しかし、「たいよう」は死んだ。6月18日の夜、必死の動物園スタッフの看護の中で息を引き取ったのである。翌日、これを伝え聞いた市民など700名もの人々が集まって別れを惜しんだという。

私は、この話を聞きながら、人の「こころ」というものを改めて思った。実は、私の記念講演の中身も畢竟《ひっきょう》するところ（結局）、そこに帰着するからである。

「たいよう」の話を、お涙頂戴、少女趣味などと言って揶揄《やゆ》することは易しい。今までも、どんなに多くの同じような出来事がそのようにして葬り去られたことであろうか。

しかし今、科学万能のメッキははげ、人は今1度原点に返ることが求められている。どんな科学もそれを扱うのは「こころ」をもった人間にほかならないからである。

「たいよう」の彫像は、花に囲まれてそのメッセージを送り続ける。

（2005・7）

金歯を入れたロバ

・なんと！　金歯を入れたロバ「一文字号」

昨年11月4日の夜、私は総武線三鷹駅にほど近い武蔵野芸能劇場にいた。生の舞台を見るのも久しぶりだけれど、劇団新芸座という庶民的な劇団の公演に足を運ぶのも初めての経験である。

ことの発端は、東京動物園協会が発行するメルマガの情報で、この劇団が「ろば・一文字号物語」を上演するということを知ったことだ。

内容を見ると、この劇の主人公になっているロバとは、紛れもなく上野動物園で戦中戦後を生き抜き、私自身、獣医として、その最後を看取《みと》ったロバの一文字にちがいない。

早速、劇団から資料を取り寄せてみると、副題には「戦中戦後を生きたロバ、一文字号の語る昭和の庶民史！」とあり、劇団新芸座ではこれまでにも何度か上演しており、今回はその集大成とも言うべき舞台なのだという。

これまで、寡聞《かもん》にして知らなかったけれど、知ったからには何をおいても見に行かねばなるまい、と私は心底思った。それほどロバ一文字号は私の動物園人生の中で強烈な印象を刻んでいたのだ。

一文字はまさに日本と中国が戦火を交えた日中戦争の落とし子であった。記録によれば、一文字はこの戦争の中で、中国現地で日本軍に徴用されたが、砲弾運びなどに功績があったとして軍功動物に選ばれ、1939年1月3日、上野動物園に贈られてきたという経歴であった。事実、当時の一文字号の畜舎には「軍功動物」の表札が掲げられていたという。

しかし、私が一文字に出会ったのはもちろん戦後、既に年老い、子ども動物園で細々と幼い者たちの相手をしている時期であった。すでに30歳に近くロバとしては高齢に達しており、しかも、戦中・終戦・戦後と続く混乱の中で食料もままならない時代を生き抜いたこともあって、体調はすぐれず、とくに、1962年の冬には起立不能になるなどの状況が続いている最中であった。

とくに、問題だったのは、草食動物にとって命とも言うべき門歯（前歯）がほとんど抜け落ち、餌《えさ》を充分にとれず、消化もできかねる結果、しばしば消化器系のトラブルを起こす日々が続くことであった。

「人間ならば入れ歯という方法もあるけれど、相手がロバではなあ……」

ある日、飼育担当の遠藤吾郎さんが、ふともらした一言が、思わぬ展開につながった。この呟《つぶや》きを聞いた当時の上野動物園長・林壽郎氏が、その実現に大きな意欲を見せたからである。

林園長の執念と幅広い人脈は、東京医科歯科大学助教授であり、義歯学会の権威でもあった石上健次博士にたどり着き、ついに協力を得ることに成功したのだ。もちろん、石上博士も動物の義歯に経験があったわけではない。その旺盛な研究心が未知の分野に挑む心に火をつけたのである。

博物館に通い、ウマ・ロバの解剖を徹底的に調べ、東京大学の家畜学教室の頭部骨格に歯並びを学び、生きた馬の口腔の状況や咬合の様子などをつぶさに調べたのである。私は担当獣医として先生の調査に立ち会い、ロバ・一文字の検査にも立ち会ったが、先生の熱意と探究心の旺盛さに舌を巻き、この世界にも稀な企画は成功するのではないかと徐々に確信するにいたった。

とくに門歯のうち上下に各一本が残されていることが確認され、これを利用した義歯固定が可能であることがわかって一気に希望が大きくなったのである。型枠づくり、型取り、義歯つくりと前人未到の作業が続き、完成したのは約2か月後であった。

特殊な合金を使ったという特大の義歯は、まるで金歯のようにきらきらと輝き、取材に集まった報道陣を驚かせたのである。

「さ、餌《えさ》をやってみましょう！」遠藤飼育担当が用意の草束を差し出すと、一文字はパクリとなんの躊躇《ちゆうちよ》もなくこれを噛《か》み取った。周りから一斉に拍手が起こり、石上博士の顔にも安堵《あんど》の色が広がった。私は思わず先生の手を握った。この快挙は、のちに「ロバの義歯治療」として、国際動物園年鑑（1965 Vol・5）にも紹介されるところとなったのである。

あれから40余年、この年代、この時期にロバ・一文字の名前を演劇の世界で聞こうとはまったく予想もしないことであった。一文字を舞台回しにして戦中戦後の社会を描こうとした企画は、こじんまりとした劇場がむしろ効果的で、私も久しぶりに観劇の楽しみに酔い、一文字を演ずる主演・赤沢勇司さんの巧みな表現に拍手した。

しかも、ロビーに飾られた数々の一文字の写真にはそれぞれに思い出があり、また、脚本の大藪郁子さんにお会いして、劇化にいたるお話を伺うことができたのは予想外の収穫であった。雨がやんで、街灯に照らし出されたポスターの一文字の顔が笑っているように見えた。

（2007・1）

フォーゲルパークの風

・オニオオハシ（松江フォーゲルパークにて）

この5月、私は山陰の風の中にいた。

所属している学会が鳥取市で開催されていたので、その機会にこれまで訪ねる機会のなかった施設に足を延ばしたのである。

どうしても行ってみたいと思ったものの1つは島根県松江市にある鳥と花の公園・松江フォーゲルパークであった。年中満開の数千種に及ぶベゴニア、フクシアなどを中心とする百花繚乱《ひゃっかりょうらん》、鳥の温室に飼育されるオオハシ、エボシドリなどカラフルな熱帯産の異形の鳥たちを見るという目的もさることながら、もう1つ、数年前に起きた事件の結末がどうなっているか、この目で確かめたかったのである。

当時、全国版の新聞記事にもなったのでご記憶の方もおられると思うが、2001年にオープンしたばかりのフォーゲルパークで翌年の年明け早々に「オーム病」が発生し、飼育係のみならず観客にもその被害が及んだという事件であった。

そもそもオーム病という病気は、その名前の通りオームを中心とする鳥類全般に感染する病気だが、クラミジアと呼ばれる病原体は人にも感染し、致死率は低いものの呼吸器系に病変を起こすことで知られている厄介なものだ。

わが国での発生率はそれほど高くはないのだが、稀《まれ》に濃密な接触をしている愛鳥家に被害を及ぼしたり、動物園の鳥類飼育担当に発生の機会があったりして、その道の専門家からは以前から注意が喚起されていたのである。それに、現在のように国際化が進み、多量の外国産鳥類に容易に接することができる時代になると、確かに他人事ではない。とくに、フォーゲルパークのようにたくさんの外国産鳥類を扱い、しかも、観客との直接接触を売り物にするケースではなおさらである。

不幸にしてこの惧《おそ》れは現実のものとなった。松江フォーゲルパークの場合は、オープンして半年も経たない時期に飼育係のみならず、観客も巻き込んで10数名の患者を発生する事態となったのである。

幸い、発見も早く適切な処置が施されたこともあって大事にいたらずに終息を迎えることができたのだが、観客と接する展示施設での鳥類飼育に大きな警告を与える出来事であった。

訪問当日は快晴、5月の薫風が宍道湖の漣《さざなみ》の上を踊るように吹き渡っていた。松江は今、開府400年の行事真っ只中、自然の営みの中はもちろん、新しい街並みに歴史が息づいているようだ。

パークの所在地は松江市大垣町、一畑電鉄で10数分、宍道湖の湖景を楽しむゆとりもなく、その名もズバリ「松江フォーゲルパーク駅」に着く。そしてもうすぐ目の前が神殿づくり風のユニークなパーク入口になる。

「いやあ、あのときはホントに大変でしたよ。あんな思いは2度としたくないですよ。あれから、防疫の大切さは忘れたことはありませんね……」

開園当初から勤務しているという飼育係は当時のことを思い出すような厳しい顔になってそ

う言った。確かに、気がついてみると、飼育係が履《は》いている長靴は真っ白い防疫用のもので、上端をしっかりと紐《ひも》で結んでいる。事件からもう数年も経っているというのに服装はまさに当時を彷彿《ほうふつ》とさせる。

「実は、これにも意味がありましてね。従業員の内、もう、半分は事件当時のことを知らないメンバーに代わっているんですよ。あのことを忘れないためにも、この服装は必要なんです。2度とあんな事件を起こしたくないですから……」

はにかむような彼の仕草《しぐさ》に誠実さが滲《にじ》んでいた。これなら、確かにあの悪夢が再び起こることはないだろうな、と私はいささか安堵《あんど》の気持ちで圏内を回った。そして、期待は裏切られなかった。

防疫態勢は5年後の今もしっかりと実行されていたのである。それは徹底した啓発掲示板と随所に置かれている消毒用の設備に現れていた。

鳥たちと接触する可能性のある展示場では、その出入り口ごとにアルコール消毒用のボトルが複数常備されており、「鳥の病気の感染防止のため、手、指のアルコール消毒にご協力ください」の注意書きが掲示されているのである。

そればかりではない。1つの鳥舎を抜け、次の鳥舎への通路では必ず、消毒用マットが3mほど敷かれており、次のような掲示が目立つように書かれているのだ「鳥の病気防止のため、必ず消毒マットを踏んでください」。

しかも、嬉しかったのは、これらの設備がおざなりではなく、今も、しっかりと役割を心得て新鮮に保たれていることであった。この心構えさえ持続すれば再びあの不幸な事件が繰り返されることはないであろう。帰途、夕暮れの宍道湖のほとりを走る一畑電鉄の車窓に、漣《さざなみ》の照り返しが美しい波紋をつくっていた。

（2007・7）

第7章

Animals

誕生

カモノハシ誕生

何気なく新聞を見ていて、ふと外電のコラムに目が吸い寄せられた。「生まれたよ、双子、豪のカモノハシ」(シドニー、4・12発)とあった。記事の伝えるところによると、メルボルン郊外のヒールスビル動物保護園で4月初め双子の赤ちゃんが生まれたというのである。

これは動物学的に見ればまさに大変な話題だ。カモノハシという動物は世界中にオーストラリア東部の淡水性の川や沼にしか生息しないことともさることながら、この地球上に1億5千万年を生きる原始的な哺乳類としてあまりにも有名な動物だからである。

カモノハシという名前の由来も、鳥類の鴨《かも》のような嘴《くちばし》をもつという意味で、事実、体は大きなモグラのような軟かい毛に覆われながら口の部分はまさにカモのくちばしにそっくりという奇妙な姿なのだ。この動物の剥製《はくせい》が初めてヨーロッパに渡ったとき、鳥の獣をつなぎ合せてつくった紛《まが》い物《もの》だと相手にされなかったのも無理からぬことだ。

しかし、動物学的なユニークさは姿形のみにあるのではない。実は、哺乳動物の中で唯一、卵を産《う》んで子どもをふ化させ、その子どもは乳汁で育てるという、まさに爬虫類と哺乳類の特徴を併せもつ不思議さにあるのだ。

しかも、その習性も夜行性の上に半水生、昼間のほとんどの時間を川岸に掘った穴の中にひそんでしまうという研究者泣かせの特性ゆえに充分に解明されていないのである。

まさに珍獣中の珍獣と言ってよいであろう。それだけに、世界の動物園でもオーストラリア以外ではアメリカ・ニューヨーク動物園が1度飼育経験をもつだけだし、オーストラリアでさえ、最近でも数園が飼育しているにすぎない。もちろん、日本での飼育記録は皆無だが、もう1歩でこの珍獣が日本の地を踏むところまでいったことは案外知られていない。実は、青鳥都知事の登場で急きょとりやめになった世界都市博覧会の計画の中で、オーストラリアパビリオンの中にカモノハシ飼育の計画がかなり具体化されて進行していたのである。

昭和59年、当時の鈴木都知事はオーストラリア、ニューサウスウェルズ州と友好関係を結び、結果としてコアラを都立多摩動物公園に誘致し、世界都市博ではカモノハシの出展計画を成功させる下地をつくっていたのだ。私も、多摩動物公園長時代にコアラ導入の直接責任者だったこともあって、この計画にはいささかの関係ももったのだが、世界都市博の中止という思いがけない事態によって、日本への初登場は幻と消え去ったのである。そんなプロセスがあって、この夕刊の記事は思いがけないほどのインパクトをもって私をゆり動かしたのだ。

当時の私の調査記録によれば、オーストラリアでもこの珍獣を飼育している動物園は極めて限られたものであり、そのうちで繁殖に成功したのは、今回の施設と同じヒールスビル自然保護園のみであった。しかも、成功はたった1回きり、今から55年も前の昭和19年だったはずである。もし、この外電記事が正確ならば、この成功はまさに半世紀を経て2度目の快挙ということになるのだ。

私は、どうしてもその詳しい内容が知りたくなって、オーストラリア・クィーンズランドの古い友人で、オーストラリア国際環境会議議長のレーブリー氏にEメールを送った。彼ならこのニュースは必ず知っているはずだ。返事はすぐ届いた。予想通りオーストラリアでも、この快挙は広く知られ、その科学的な内容も高く評価されているという。

しかも、その繁殖成功のプロセスは、2人の飼育係によって余すところなくビデオテープに収められ、科学的な分析が可能になっているということである。これによって、従来ほとんど知られることのなかったこの珍獣の繁殖生態は一気に詳《つまび》らかになるにちがいない。レーブリー博士がファイルで送ってくれた発表要旨からもその一端を容易にうかがうことができる。その記事によると次の通りである。

「ヒールスビル自然保護園では半世紀ぶりのカモノハシベビー誕生に祝賀ムードに包まれている。これは当園で１９４４年に当時の園長のフレア博士（Dr. David Fleay）の指揮のもとで繁殖に成功して以来実に55年ぶりのことである。飼育係のフィスクとホーランドは、フレア博士の唯一の成功例を下敷にして繁殖プロジェクトに取り組み、ついに2頭の赤ちゃんを得ることができた。両親はクーリア（メス）とエヌ（オス）で昨年の11月初旬からお互いの尾をくわえてグルグルまわる独得の求愛行動が始まり、そのあとで交配が観察されたのである。そして11月14日にはメスが水面上に浮いている木の葉を集めて尾で巻き込み穴の中の巣に運び込む様子が確認された。11月14日から5日間にわたって巣内に留まり産卵の可能性が示唆され、また、メスの食欲が急激に増加して卵のふ化と授乳の可能性も高まった。フレア博士の例では産卵から赤ちゃんの巣立ちまでおよそ17週かかっていたので今回もそれを参考に待機した。そしてついに4月3日のビデオのモニターに1頭目が現れ、2頭目がそのあと数日して同様に巣立ちし、池に入る姿が確認されたのである」

従来の記録によると抱卵期間は10日〜12日ぐらい、生まれてくる赤ちゃんの体長は2・5センチほどだという。また、ふ化した赤ちゃんはあおむけになった母親のお腹にある乳腺から分泌される乳を舐《な》めて育ち約3・5か月で親離れすることが知られている。

私は数年前に訪れたヒールスビルの緑濃いカモノハシ舎を頭に画きながら、無事育成の願いをこめて祝賀電報を打った。（１９９９・８）

Animals

モモコと赤ちゃん

・赤ちゃんを抱くゴリラの「モモコ」

7月4日朝、期待と不安を抱きながらテレビを見た。

果たしてゴリラのモモコは上手に赤ちゃんを扱ってくれるであろうか。ゴリラ繁殖プロジェクトが上野動物園で始まってから10年目、7月3日、午前10時29分、初めての赤ちゃんが生まれたのだ。ニュースはその様子を淡々と伝える。

でも上野動物園の歴史の中でまったく初めての経験だけに現場の緊張はいかばかりであろうか。その緊張が私の胸にも電波を通じて生々しく伝わってくるような気がする。

考えてみれば、従来の「ペア型ゴリラ繁殖法」に限界があることがわかり、繁殖オスを中心とする「群れ型繁殖法」に切り換えたのは私が園長をしていた時代にさかのぼる。

都立動物園同士が協力し合いながら稀少動物を増殖させる「ズーストック計画」は、都立動物園独自のプランでスタートしたのだけれどゴリラはそれだけでは不充分だった。ゴリラは、種《しゅ》自体が稀少であるばかりでなく、動物園に飼っている数も限られていたからである。

繁殖のための群れをつくりあげていくためには、都立動物公園の枠を越えて全国規模で、あるいは国際的な協力関係のネットが何よりも必要だったのである。

私たちは全国のゴリラ飼育動物園に繁殖のための群れづくり協力を求めた。ペアを飼育する檻型の飼育場から、群れで生活できる生態展示型放飼場への転換は予算的な裏づけができれば可能だけれど、群れをつくるためのゴリラの導入は、ほかの動物園の協力を得なければ不可能なのだ。

しかし、ゴリラをほかの動物園に移すには大きなバリアーがあった。第一、ゴリラという動物はその施設にとっては貴重であるばかりでなく、観客をひきつける目玉動物のトップの座にあったからである。

いかに野生動物保護の目的があるとはいえ、これほどの価値ある動物を無償で、しかもなんの担保もなしに貸してくれるなど、ほとんど無謀とも思われたのである。

事実、最初のうちの反応は総じて冷たかったと言ってよいであろう。たとえ、動物関係者はその趣旨を理解していたとしても、社長や上司、果ては財務担当者などの管理部門の人たちが進んでこのプロジェクトに参加することは難かしすぎたからである。もちろん、野生からの導入はタブーであった。野生のものはそのまま保護し、現在、施設で飼育されているものの中から繁殖群をつくり上げるのが動物園に課された使命なのだ。

上野動物園のゴリラの群れ飼育場「ゴリラの住む森」が完成して状況はゆるやかながら好転していった。

この放飼場の完成と共に、その趣旨もがマスコミに載るようになり、ニュースとして取り上げられる回数が多くなって、飼育関係者の意見もようやく取り上げられる状況に変わってきたからである。上野の街ではゴリラ繁殖のための「ゴリラ募金」まで商店街の人々が計画するという草の根的な活動にまで広がっていったのだ。

まず、多摩動物公園のメス「トヨコ」が上野に移り、ゴリラの住む森に入った。続いて広島市安佐《あさ》動物園からも来園することが決まり、別府のケーブルラクテンチからも遠路上野動物園へと入ったのである。

今回お手柄の「モモコ」は、千葉市動物公園からの参加だ。まさに日本をあげてのゴリラ繁殖大作戦が動き出したのだ。国内ばかりかヨーロッパの動物園からも繁殖経験をもったゴリラが飼育技術者と共に来日することさえ実現したのである。だが成功への道程は遠い。

私が園を離れてからでさえ、もう10年に近い歳月が流れている。その間に、いくつかの残念なことも記録された。思いがけない死で幕を閉じたゴリラたちもあったのである。今回、出産したモモコの配偶者「ビジュ」も交尾から1週間後に不慮の死を遂げている。言うなれば、今回の子はビジュの忘れ形見なのである。それだけにぜひ成功させたい、という現場の願いは痛いほどよくわかる。

ニュースの時間がきて、モモコとその子の様子が放映される。短時間だったけれど、私は成功を確信した。釘づけになった私の視線の中でモモコは最も母親らしいことをしっかりとやってのけたからである。

両手で赤ちゃんを捧げもつようにしたモモコは、大きな口を開ける。その顔をすっぽりと自分の口の中に入れ、かなりの勢いで吸っているところが映っていたのだ。

まるで咬《か》みついているように見えるこの姿こそ、赤ちゃんの口内、鼻孔内、耳孔内にたまっていたであろう羊水をキレイに吸い取っている姿なのである。チンパンジーやオランウータンでも、こんな様子を何回か見たことがあった。そしてこの子たちは皆丈夫に育ったのだ。

モモコの子もきっと育つであろう。

私は、テレビの中の残像を脳裏に刻印しながら胸に突きあげるものを感じていた……。

（2000・8）

モリーの50年

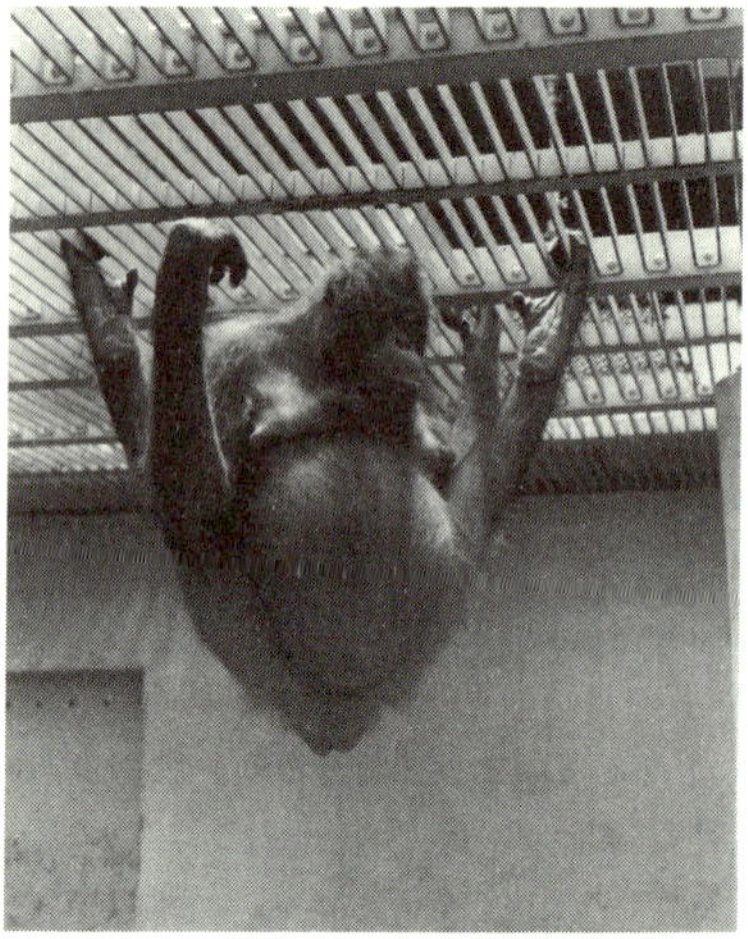

・天井の格子にぶら下がる「モリー」。この直後に出産した（写真提供：東京動物園協会）

久しぶりにオランウータン「モリー」の名を見た。この3月20日、上野動物園が開設120周年を迎えるという朝、朝日新聞の『天声人語』欄に彼女の名前が出ていたのである。

上野動物園に飼育されている419種2、200点余に及ぶ動物の中で最古参の「住人」として紹介されていたのだ、確かに、モリーが上野動物園にやって来たのが昭和30年（1955）11月5日、私が獣医としてスタートして3年目のことだったから、もう、47年の歳月を過ごしていることになる。しかも、当時3歳だったから年齢も50歳になるはずで、比較的長命な類人猿としても半世紀にわたる生存はかなりの長寿と言ってよいであろう。

事実、戦後間もなくの昭和20年代に動物園に入り再建の花形となったスター動物たちもすべて思い出の中にのみその姿をとどめているにすぎない。

チンパンジーのビルとスージー、ゾウのインデイラとジャンボ、アシカのポチなど、持ち前の無邪気さと芸達者ぶりで戦後の暗い世相に灯をともした数多くの動物たちも、もう記憶している人も急速に少なくなっているのではあるまいか。それだけに、記事の背景に見えるモリーの年老いながらも元気な様子は掛け値なしに私たちの心をゆさぶるのだ。

モリーは20年代スターたちのあとを追うようにインドネシア政府から友好親善のシンボルとして贈られてきた。当時（財）東京動物園協会の会長であり、日本政府の経済企画庁長官でもあった高橋達之助さんがたまたまバンドンで開かれていたアジア・アフリカ会議に出席した際、この話をまとめてきたのである。戦後初のオランウータンの来日ということで私たち飼育関係者は常になく緊張した。初めて出会うアジアの珍獣という興味も大きかったけれど、戦前の飼育ではいずれも1～2年という短命に終わっており飼育の難しさを先輩から折に触れていやと言うほど聞かされていたからである。

久しぶりで当時のメモ帳を繰《く》ってみた。

「昭和30年11月5日、晴れ・インドネシア・バンドン動物園より戦後初めてのオランウータン（メス・3歳）到着。初めて見るこの類人猿は驚くほど人間臭くて、現地語で『森の人』という意味がよく理解できる。体重13キロで赤褐色の長毛に覆われ、表情も実に人間じみている。ほかの類人猿に比べ、後肢よりも前肢が著しく長い。また、拇指《おやゆび》が小指のように小さく、ほかの4本の指は太く長い。拇指は器用に動き、耳をほじったり、小さなものをつまんだりしている。とても人間に馴れており、すぐに抱きつきたがる。まだ母親に抱かれたい年齢なのであろうか。とにかく無事に育てなければ、と思う。カバ舎のプールを改造した仮設舎に収容。」

幸い、モリーは丈夫だった。

何度か病気になったりもしたけれど、担当者の山崎飼育係員の献身的な世話もあってそのつど乗り切ったからである。しかも、来園から5年目にオスのタローとの間に結婚が成立し、日本で初めての妊娠が確認されたのであった。今でこそ、オランウータンの繁殖も日常のものとなったが、当時としては画期的な出来事として大きく報道されたのである。

妊娠中のモリーを見ながら、その行動の多くに人的特徴を見いだし、都立病院の産婦人科に応援を求めたのも記憶に鮮明に残っている。

しかし、モリーはやはり野生の類人猿であった。昭和36年（1961）5月29日の朝、臨月だった彼女は誰も想像だにできないような不思議な出産行動を見せたのである。あの光景だけは、半世紀に近い年月を経た今でも鮮烈に思い出すことができる。

初産だった彼女は強い陣痛に耐えながら横たわっていたが、突然、私たちが見守っている目前で立ち上がり、一瞬、身をかがめるとばね仕掛けの人形のように跳躍し、天井の格子に飛びついたのだ。

天井は地上3メートル《メートル》、もしここで出産ということになれば、赤ちゃんは床に叩きつけられてしまうにちがいない。

しかし、出産の行程は進む。破水がバシャバシャと音を立てて床を濡らし、最後の強い陣痛が赤褐色の塊を空中に放出したのである。

それが赤ちゃんだった。しかも、それは一瞬の早業で伸ばしたモリーの右手に受け止められていたのだ。私たちは体を貫くような感動で立ちすくんでいた。動物たちの凄さ、野生というものが積み上げてきたものの大きさを身に沁みて感じた一瞬だった。

この体験は、私の40年に及ぶ動物園生活の原点であり、動物を見る視点の要《かなめ》ともなった。

「初子」と名づけられたこの子のあと、モリーは3頭の赤ちゃんを産んだが、出産はいずれも地上でなされ、あの衝撃的だった空中出産はあのときだけであった。しかし、モリーの名から連想される光景はいつでも神業のようなあの瞬間のことである。機会があれば、ゆっくりとモリーを訪ねて、あのときのことなど語ってみたいものである……。


（2002・6）

第8章

Animals

哀悼

クリちゃん哀悼

・パンダ研修に同行した根本進さん（右）と筆者（左）

私は、一瞬棒立ちになった。

　1月8日の夕方、水戸への出張から帰宅して玄関を開けると、家人が待ちかねたように手にしていた受話器を差し出したのだ。

「根本進さんが亡くなったんですって……」

　信じがたい思いで靴《くつ》も脱がずに受話器を耳に押し当てると、電話は上野動物園の小宮飼育課長からであった。

「昨夜、漫画家の根本先生がお亡くなりになったそうです。ほんとに残念です。昨日は上野動物園にアイアイの取材に来られ、飼育係と元気に話をされておりましたのに……」

　その声に無念さが滲《にじ》んでいるようであった。

　無理はない。根本さんほど動物を愛し、飼育という仕事を理解し、飼育係と温かい親近感をもって接してくれた文化人はかつてなかったと思う。

　それでなければ、人と動物と動物園を描いて出色と言われた漫画ルポ『クリちゃんの動物園さんぽ』が３００回の大台を超えるという快挙は決してなし得なかったであろう。

　この漫画ルポ３００回は、（財）東京動物園協会が発行する月刊誌『どうぶつと動物園』に連載されたものだが、1965年1月から1992年9月号まで実に28年間という長期連載の結果として誕生したのであり、その後も1998年にいたるまで延々と続けられたのである。

しかも、その1ページは文章10数ページに匹敵する、と言わしめるほど圧倒的な存在感をもっていたのだが、それには2つの理由があったのではないか、と私は秘《ひそ》かに思っている。

1つは、先生の動物に対する愛情の深さと観察眼の鋭さである。世界の動物園150か所以上を訪ね歩いたという動物好き、動物園好きの中で、たんなるファンのレベルにとどまらず、動物たちの立居振る舞い、ほかとの係わり合いの様子などを丹念にスケッチしつつ、その内面にある命の輝きに焦点を合わせていたのではないか、と思うのだ。

事実、漫画ルポに現れる数百種類にのぼる動物のどの1つをとってみても、画面片隅の付けたりの様に見える小さな動物でさえ、個体識別ができるほどに丹念に描かれ、その筆先から愛情が滲《にじ》み出しているように見えるのである。

もう1つは、動物を描くときに飼育係を通して動物を見る、という視点をずっともち続けておられたのではないか、と思うのである。動物園の動物は良くも悪しくも飼育係と影響し合わずにはいられない。

飼育係と仲良しになり飼育係の知識を得、飼育係の視点をもち、飼育係の雰囲気をもち続けておられたからこそ、あのルポが比類ないものとなり、どんな動物園記録よりも細かくて臨場感に満ちたものになり得たのではないか、と思う。

余談だが、数年前、両国の相撲部屋のそばを根本先生と通りがかったとき、突然、先生が立ち止まってこう言われたのを覚えている。

「絵の修行中、よくここに通ったものですが、お相撲さんの動き、筋肉の1つひとつの躍動、緊張、そして弛緩《しかん》などの様子をスケッチしていますと、不思議なことに。そのお相撲さんの心が見えるような気がするんですよ」

私はその言葉をお聞きしながら『クリちゃんの動物園さんぽ』の一場面一場面を反芻《はんすう》したのである。

このようなほかに類のない業績は、このまま埋もれていいはずはない。この連載が300回に達した1992年9月、（財）東京動物園協会は、協会としては初めての総裁特別賞を送ることを決定したのである。

この受賞は協会の評議員として長年にわたる功績もさることながら、総裁であられる常陸宮殿下が、そのお言葉の中で、「クリちゃんの明るくて親しみやすいキャラクターと、人と動物の関わり合いを見事に表現した内容は広く読者の共感を誘い、このシリーズによって動物や動物園への関心を新たにした人も少なくない」と述べておられるように、ルポへの高い評価があってのことであろう。

当時、協会の理事であった私は、この授賞決定を根本家に伝達する役割を仰せつかった。

「私は子どもの頃から、ずっとご褒美《ほうび》には縁のない人間でしてね。これはきっと最初で最大のご褒美かもしれませんね」

お宅の茶の間で、先生がはにかむように微笑されたお顔が、つい最近のことのように忘れがたく脳裏に残っている。

そして、1月9日、乃木坂のやすらぎ会館で行なわれた告別式で、図らずも先生のあの表情に再び出会った。

祭壇中央に飾られた微笑されているお写真である。

根本先生、そしてクリちゃん、本当にありがとう。

（2002・2）

Animals

『勇気凛々』

・チンパンジーと憩いのひととき

会場には音楽が流れていた。

独得な歌詞とメロディーで知られる、さだまさしさんの歌声である。場所が帝国ホテル3階・富士の間でもあり、故人を偲《しの》ぶしめやかな会であってみれば、いささか場違いの感じがないではない。

事実、怪訝《けげん》そうな面持ちの人も少なくなかった。しかし、謎はすぐに解けた。

生前、どんなときにも明るさを失わず、明治・大正・昭和・平成の4代を見事に生き抜き、104歳という長寿を全うして逝《い》った故人・加藤シヅエさんのために、故人が生前ご贔《ひい》屓《き》だったというさださんがこの日のために心をこめて捧げた曲だったのである。

曲名も『勇気凛々』、1世紀を超える波乱万丈の生涯に、いつも堂々と立ち向かっていた彼女の生き方を思えば、これ以外の題名は確かにないであろう。

「加藤シヅエさんを偲ぶ会の呼びかけ人になっていただけませんか？」

故人の娘さんで評論家としても活躍中の加藤タキさんからご連絡をいただいたのは、昨年の暮れも押し詰まってからのことであった。女史が12月の22日に104歳の生涯を閉じられたことは各メデアに大きく取り上げられており、偲ぶ会も行なわれるとも報じられていたけれど、

「呼びかけ人に」という依頼は予期せぬことであり、それだけに一層心に響くものを感じた。

産児調節運動に女性解放運動に華々しく活躍した経歴はつとに有名だけれど、動物愛護運動についての深い理解と積極的な貢献はあまり知られていない。

功績に関する報道内容などを見ても、この面について言及していたものは決して多くなかった。

私は「呼びかけ人」になることを喜んでお引き受けした。

そんな状況の中で動物愛護協会の理事長を務める私に声がかかったことは、加藤シヅエさんの活動歴中、動物愛護に関することも決して比重の低いものではなかったことの証左として受け止められたからである。

振り返ってみると、動物愛護運動と女史の関係はおよそ半世紀にも及ぶ。女史が動物愛護協会の評議員に就任したのは1958年5月のことであるが、奇しくもこの年の2月、南極地域観測隊第一次越冬隊が同行した樺太犬15頭をつないだまま置き去りにしたという事件が起こり、愛護団体がこぞってその救出を陳情したという経緯がある。

この事件と彼女の愛護協会評議員就任とどのような関係があったのか、今となっては知る由もないが、少なくともこれが1つのきっかけになったであろうことは想像に難くない。女史の産児調節運動の根幹は深いヒューマニズムに基づいており、動物愛護もまたその延長線上にあると思われるからである。

事実、翌1959年には樺太犬記念像が東京タワー敷地内に建立されて動物愛護のシンボル的な存在となり、女史は1960年には協会理事に就任、さらに1964年には協会の理事長に就任、動物愛護運動の先頭に立つことになったのである。

理事長としての人気は6期12年に及ぶが、その中でも最も顕著で画期的な功績は、日本で初めての動物愛護法と言われる「動物の保護及び管理に関する法律」（昭和48年10月公布）の成立に関して中心的な役割を演じられたことであろう。

それまでわが国には動物の側に立って動物のことを考える法律、動物愛護に関する法的なきまりは何ひとつなかったのである。

愛護法制定に関する世論の高まりは、樺太犬置き去り事件に端を発し、さらに１９６９年にイギリスの大衆紙『ザ・ピープル』が日本のイヌの非人道的取り扱いについて大々的に取り上げ、これが国際問題にまで発展する事態となって大きな潮流へと発展したのである。

「動物愛護法」をつくろう、という声は国民的な関心事となり、多くの愛護団体がそれぞれに活動を開始し始めた。時を逸せず、女史は全国の動物愛護関係団体を糾合して「全日本動物愛護団体協議会」を創設し、自ら協議会会長に就任して動物愛護法制定の先頭に立ったのである。

当時、参議院議員であった女史は、議員の中に同志を募り、この法律を議員立法で国会に提出、ついにわが国初の「動物の側に立った」法律の成立に導いたのだ。国内外の情勢がいかに動物愛護法の成立を後押しする方向にあったにしても、女史の卓越した行動力と同法成立に懸《か》ける情熱がなければその誕生は覚束ないものであったろうと思う。

参加者７５０人というたくさんの人々に見守られながら祭壇中央の女史は静かに微笑んでいた。それは人類愛に端を発しながら、すべての生き物にまでヒューマニズムの光を送り続けた人の輝きに満ちていた。

会場を出てお濠端を歩くと2月とも思われないほどの柔らかな風、ふと、病院に女史を見舞ったときの部屋の空気を思いだした。（２００２・４）

パイプの余烟

・上野動物園100周年で講演する團伊玖磨氏

「これはちがいますね。うちのキツネはこんな顔つきじゃありませんから……」

團伊玖磨《だんいくま》さんは言下にそう言って私のほうを見た。昭和40年の前半の頃だったと記憶しているが、先生が上野動物園の動物病院を突然訪問されたときのことである。

実はその数日前、都内でキツネが1頭捕獲され動物病院で保護していたのだが、それが「迷子のキツネ」ということで報道されていたのである。「私の飼っていたキツネが逃げてしまいましてね。それで、もしやと思って来てみたんですよ」

著名な作曲家がキツネを飼うという取り合わせも意外だったけれど、目前のキツネの顔を見てすぐに「これはちがう」と断言する態度にいささかびっくりした。飼育係や動物関係者ならともかく、一般の人にとってキツネはキツネであって、その個体差などにわかには判別つくものではないからである。

だが、話をしている間に先生の生き物に対する関心の強さと並々ならぬ知識の豊富さが伝わってきた。それは決して知識をひけらかすなどというものではなく純粋な興味関心の発露がベースになっているのがよくわかった。

当時、仕事場にしておられた東京都八丈島・樫立地区の仮寓《かぐう》に訪れるトビを餌付《えづ》けして観察する話など、まるで専門家はだしの内容だったのである。

私は、しばしの会話の中で、ふと、團さんの作曲による名曲『ぞうさん』の旋律が脳裏を走るのを感じていた。昭和24年、戦後の日本にほのぼのとした光明をもたらしたといわれるインドゾウ「インディラ」の来日、そしてそのお披露目のために特別に作曲されたのがこの曲だったのである。『ぞうさん』は、動物を愛し、動物をよく知るこの作曲家によるものだったからこそ、今もなお歌い継がれる名曲になり得たのにちがいないと実感した。

事実、お披露目の当日、NHKの楽団と子ども合唱団を連れて動物園を訪れ、インディラの登場に合わせて「初演」したことは忘れがたい、とおっしゃっておられたのである。

こんなことがきっかけになったのであろうか、それからしばらくして、味の素株式会社の広報誌『マイファミリー』で先生がホストを務める対談コーナーにお誘いがあって、食事をしながらの楽しい動物談義の時間をもつことになったのである。

主題はパンダの食事だったような気がするが談論風発、先生の博識のお蔭で私自身大いに勉強になったという記憶がある。また、先生がパンダ以前に中国に並々ならぬ関心をもち、国交が正常化する前から音楽文化を通して日中両国の橋渡しに大きな努力を払われていることを知ったのは大きな驚きであった。まさに本物の国際的文化人の真骨頂を見る思いであったし、先生がますます身近な存在になったような気がして感激したのである。

そんなことがいつも脳裏にあったからであろうか、私が上野動物園長を退任し（財）東京動物園協会の常勤役員を務めていた頃、協会に新理事を迎えようという機運が起こり、その推薦に当たって天啓のように閃いたのが先生のお名前であった。

平成5年秋のことである。

当時、超多忙の先生は団体役員などほとんどお引き受けにならないというのが大方の意見であったけれど、思い切って自宅に電話を入れた。事務的な手続きもさることながら、先生のお人柄からいって直接お話ししたほうが思いは通じると信じたからである。

そのとき、先生はあいにくとお留守であったが、電話に出られた奥様の対応に私は大いに希望をもった。私が名乗ると奥様はすぐに応じてくださり、先生との日常会話の中で動物園や中川さんの話題が時々出ていますよ、とおっしゃってくださったのである。

日ならずして快諾のご返事があった。

しかも、超多忙の合間をぬって理事会の出席率は私たちの予想をはるかに上回った。先生が無類の生き物好きということもあったけれど、同席の理事さん方と深い縁があることが次々と明らかになったからである。当時、上野のれん会会長で本誌『うえの』の発行者であった須賀利雄さんは、東京大学で美術史を学んでおられた学生時代、そこで教鞭《きょうべん》をとっておられたのが、團さんのご父君だったのである。

「父が病気のとき、須賀さんがお見舞いに来られましたが、あのとき出迎えたのが私ですよ……」

理事会がいつの間にか回顧談に脱線してしまうのもしばしばだった。回顧談と言えば、同じ理事にお願いした女優で元参議院議員の山口淑子さんとの出会いも鮮烈だった。

「山口先生は私を映画音楽の世界に誘ってくださった恩人なんですよ。貧乏作曲家だった昭和28年頃、これは素晴らしい経済的なサポートでした……」

私はそんな話をお聞きしながら人と人の縁《えにし》というものの不思議さに感動した。パイプの余烟《よえん》は今もなお漂《ただよ》っている……。（2002・8）

Animals

高円宮様とカブトムシ

・野外施設での高円宮両陛下

今にも泣き出しそうな空模様であった。曇天の上に昨夜半からの冷え込みがそのまま今朝まで持ち越してしまったらしい。11月23日朝。その空具合が心の中まで沁み込んでしまったような割り切れない気持ちのままで地下鉄・赤坂見付駅を降り青山通りに出る。豊川稲荷を横目に見ながら歩く歩道には黄金色の銀杏《いちょう》の葉が紋様を描くように敷き詰められ、その上に忍びやかな音を立ててプラタナスの葉が重なり落ちているのだけれど、その風情さえも虚《うつ》ろだ。

この春（02年5月）、ご家族で私共の博物館・茨城県自然博物館にお出になり、あんなにも楽しそうに一日を過ごされていたのに、その高円宮様がもういないなんて誰が信じられようか。

その想いは宮様に関わりをもった多くの人々にとって共通のものであったようだ。港区・赤坂御用地内の宮邸前に設けられた記帳所にはすでにたくさんの弔問の人々が粛然《しゅくぜん》と並び、宮様への思慕の思いを筆に託そうとしていたのである。

気がついてみると、長い長い列を形づくっている人々のなんと多様なことであろうか。喪服に身を包んだ紳士淑女も確かに多いけれど、とるものもとりあえず駆けつけたといった風のビジネスマンやら主婦らしき一団、そして茶髪・

ジャンパー姿の若者までいかにも庶民派宮様らしい雰囲気にあふれていたのである。

記帳を済ませ宮邸玄関に目を注ぐと、妃殿下やお子様方のことがにわかに思い出されて胸が詰まった。

宮様が妃殿下とともに茨城県自然博物館に初めてお成りになられたのは平成8年の春のことだけれど本館とは別に付属施設として整備されている野外施設に強いご関心を示され「自然博物館は実際の体験が重要ですよ、とくに子どもにとってはね」とおっしゃられたのである。

そして、それがたんなる感想でないことを私たちはほどなく知ることになった。典子様、絢子様のお二人のお子様を博物館友の会のメンバーにするための入会申込書を送ってこられたからである。

会員となられたお了様方は、両殿下あるいは妃殿下と共に何回かお出でになられ、そのたびに館内・館外をたっぷりと時間をかけて楽しまれるのが常であった。一般の入館者は宮様とはほとんど気がつかないほどで服装も行動も本当の普段着のままの時間を過ごされたのである。

とくに、平成14年の春にご一家でお出になられたときのことは忘れがたい。野外施設の昆虫の森でカブトムシの幼虫をご覧に入れたときのことである。

当館の学芸員がうずたかく積まれた落ち葉を掻《か》き分け腐葉土《ふようど》のようになった部分をそっとめくると真っ白な幼虫が体を丸めるようにして白《はく》日《じつ》の下《もと》にまばゆく映った。「まっ、かわいい!」絢子様が間髪を入れず叫ぶようにおっしゃった。

今まで、たくさんの子たちに同じような体験をしてもらっているけれど、大人の親指ほどもあるカブトムシの幼虫を見てとっさに可愛いと表現した子どもは決して多くはない。だが、春のやわらかい木漏《こも》れ日《び》を受けて透き通るような白い幼虫は確かに生き物特有の美しさに満ちているようにも見える。

「いや、結構ですよ。とくに必要ありません。生き物は本来きれいなものですから……」

事務の女子職員が用意していたお絞りを取り出してお子様にお渡ししようとしたとき、宮様がやさしい目を職員に向けられてそう言われた。お子様方もそれを当然のように受け止め両手をぽんぽんと叩いて、さあ、という風に立ち上がったのであった。ああ、これなら幼虫が可愛いという表現も自然に出てくるはずだ、と私は思わずうなずいてしまったのである。そのあと、私たちは博物館前に広がる菅生沼《すがおぬま》に出てプランクトンネットを引くことになった。この沼に棲《す》む水生動物たちを見るためである。

小さな半透明のエビが勢いよく跳《は》ねるとお子様方は歓声をあげる。しかし、最も関心が高かったのは沼の水をピペットで吸いとりプレパラートに垂《た》らして顕微鏡で見たことであった。まるで泥水のようにしか見えないこの水の中にも、ミジンコやワムシなどこんなにもたくさんの生き物が生きていることの不思議さに魅了されたのである。宮様はここでも生き物が棲む環境の多様さをお子様方に見せたかったのではないかと思い、環境生態を専門とされる殿下の真骨頂を見たように感じたのである。

気がついてみると、宮様がさりげなくノートを立ててプレパラートが折からの風に揺らがないように風除けをしておられ、それはお子様方が終わられて、一般の方々が次々と交代して顕微鏡を覗《のぞ》かれる状況になっても変わることがなかった。おそらく、風除けをつくっておられたのが宮様だと気づかれた人はほとんどいなかったのではないだろうか。

赤坂御用地を出て再び青山通りを歩くと降りしきる落ち葉の間から殿下の温顔が微笑《ほほえ》んでいるように思われた……。

（2003・1）

ペンちゃんの記

・小森厚さん（左）と林寿郎さん（右）
（三重県鳥羽にて：1965年3月）

4月のはじめ、花散らしの雨が運んできたように1冊のユニークな本が届いた。

題名は『はな子が逃げた・私の動物園史』。著者は名著『上野動物園百年史』の編者であり、執筆者でもあったペンちゃんこと小森厚氏である。本のタイトルからもわかるように、これはまさに裏話中の裏話、上野動物園に関わる内外百般から人物模様まで限りなく広く詳細だ。

それもそのはず、この内容は著者が属した上野動物園と多摩動物公園職員の内輪のグループ誌に折に触れて書き綴《つづ》った公表を前提としていない記録なのである。この本をとりまとめ、出版の労をとった（財）東京動物園協会理事長・斉藤勝さんの添え書きには次のように書いてある。

「『小森さんを偲ぶ会』でお約束しました著作ができましたのでお届けします。小森さんの動物園人生がいっぱい詰まった一冊です。ペンちゃんを偲びつつ見ていただければ幸いです」

そう、動物園生活40年、動物園を愛してやまなかったペンちゃんは昨年の4月3日、創立120周年を見届けるように上野動物園を一望する東京大学付属病院の一室で永眠され、小森さんを偲ぶ想いがこの本に結実したのだ。

11月29日、精養軒で開かれた「偲ぶ会」は盛況だった。故人を偲ぶしめやかな会に盛況などというような表現は一般的ではないけれど「この会に一番出たかったのは小森本人だったのではないでしょうか」と夫人も述べたように、全国各地から動物園関係者はもちろん、友人・知己が会場に溢《あふ》れたのだ。

それを象徴するかのように、長崎在住の実のお姉さんがまったくの偶然に同じ精養軒で別の会合に出ておられ、偲ぶ会の看板を見て奇遇に驚くという信じがたいようなハプニングがあった。

小森さんには人を惹《ひ》き付けてやまない独特の雰囲気がいつも漂っていたのである。

『はな子が逃げた』を一読した者がまず感じるのはまさにそのことである。

とくに、本書の冒頭に出てくる19歳の小森青年と当時の上野動物園長・古賀忠道氏との文通の記録はその白眉《はくび》と言ってよいであろう。これは今回小森夫人によって初めてもたらされたものので、一面識もない古賀園長に動物園への就職を訴える手紙を再三にわたって出しているのだ。小森青年の動物園へのやみがたい熱情の迸《ほとばし》りは読むものの胸に迫る。

しかし、昭和22年と言えばまだ終戦直後硝煙の匂い消えやらぬ時期、失業者が街に溢《あふ》れ戦禍に見舞われた動物園も行方定まらぬ頃、手紙を読む古賀さんの苦悩も想像できるような気がする。実際に古賀さんがどのような返事を出されたかは記されてないけれど、その年の暮には小森青年は上京しているのだから、NOでなかったことだけは想像に難くない。そして、園内掃除から大八車を使っての氷運搬、進駐軍宿舎からの残飯集めなど、ありとあらゆる仕事をこなしながら動物園復興への道をひた走る。

それにしても、この無鉄砲とも思える青年の訴えを聞き入れ、動物園に迎え入れた古賀さんも立派だが、それに応えて動物園復興の数々の重要なメニューをこなし、獣医でも畜産でもないキャリアながら堂々と飼育の中心的存在となり、退職後も（社）日本動物園水族館協会専務理事にまで上り詰め、日本の動物園に新しい分野を切り開いた小森さんも稀有《けう》の存在だったと言ってよいであろう。

それは、従来の動物園がともすれば飼育と獣医だけの内輪の世界にこもりがちな体質を、博物館学的な視点で見るという動物園・水族館本来の姿を導入したことだ。当時、動物園と博物館の関係に着目する者が極めて少なく、むしろ異端視されるような風潮の中で、小森氏はすでに博物館学会の会員であり数々の優れた論文を発表していたのである。

最近、動物園・水族館の在りようの中で、この点が改めて注目されているのを見るにつけ小森さんの先見性を思い知るのである。

その何よりの証拠は本文593頁、資料編852頁に及ぶ『上野動物園百年史』の内容である。小森氏は編集者として資料を丹念に集め、整理し、その大部分を自ら執筆したのである。その膨大さもさることながら、随所に見られる博物館学的分析の記述がいっそうの光芒を放っているのは周知の事実である。動物園がたんに野生動物を飼育・展示するというだけでなく、それに付随する資料の整理と保管こそ重要な一面であることをここに明示したのだ。

そして、小森さんの両手の拳にできていた大きな胼胝《たこ》が、百年史執筆中、腰を痛めた体を支えるためにできたものであることを今回の本の中で初めて知り、改めてこれに懸《か》けた想いの深さを知った。

本書のタイトルは本文中に掲載されているゾウ・はな子の逃亡の話から取っているが、小森氏の畏友《いゆう》、東京藝術大学名誉教授・西大由さんがゾウの尻尾だけを描き、実に小森さんらしい雰囲気で表紙を飾っているのも嬉しい。

（2003・5）

古賀元園長生誕百年の日

・憧れの人だった古賀園長とタンチョウのヒナ（1965年　写真提供：東京動物園協会）

思い出したように小粒の雨が水面をたたく。すっかり秋の気配に覆われた不忍池は、鵜島《うじま》に羽を休める黒衣《こくい》の鳥たちが妙にしっくりする雰囲気がある。いつでもそうなのだけれど、池畔をそぞろ歩きし、ふと目をあげると、なだらかなイソップ橋のスロープを今しも大柄な古賀忠道元園長さんが双眼鏡を首にかけ、自慢のライカを片手に携えてゆっくりと降りてくるような錯覚にとらわれる。

もう30年も前、私が上野動物園の独身寮に住み込み獣医をしていた頃、早起きして不忍池の水鳥観察に出かけると、すでに本園を一回りされた古賀園長がいつも決まったようにこのスロープを降りてこられたのである。

あとでわかったことだけれど、園内の公舎に住まわれていた園長は毎朝6時というとすでに身支度を整えられ、裏木戸をそっと音を気遣うように開けられて園内巡回に出ておられたのである。これを知った私も園長にならって早起きを心がけたのだけれど、今朝こそはと思っても、すでに先生は動物を見ながらフィールドノートに鉛筆を走らせているのが常だった。園長の動物に関する的確な判断や指示は、勤務時間前のこの観察記録に基づいていたのである。それでなければ、あの激職の中で、あれだけ個々の動物についての確かな情報を保持し続けることなど決してできないであろう。それに、いつどんなところにいても、動物たちを見ている園内の古賀先生には素敵な雰囲気が漂っていて、まさに動物園人・ZOO MANを絵に画いたような存在のように思われ、正直、羨望に似た感情が心を揺らしたことを思い出す。

とくに、私の個人的な好みなのだけれど、ようやく朝日が上野の山にささやきかける頃、イソップ橋を渡って不忍池へのスロープを降りてこられる姿がいかにも古賀さんらしくて好きだった。大柄な体を包み込むよう朝日がさして、光と一緒に歩いてくるような不思議な光景なのである。私は、その姿が見たくて、何度も先回りして池畔に佇《たたず》んだ記憶がある。その雰囲気に浸《ひた》ることで1歩でもZOO MANに近づきたかったのかもしれない。

しかし、もう、この池畔にたってもその古賀さんは降りてくることはない。代わりに池畔西園の動物園ホール1階・短期展示館・ズーポケットでその面影を偲ぶのみである。

ここでは古賀元園長の生誕100年を記念して、その足跡を辿る記念展が開催されているのである。古賀さんは1903年12月4日佐賀県小城町に生まれておられるので、その日を挟んで11月11日から12月7日までの開催となったのだ。

雨模様の天候だったせいであろうか、会場の人影はまばらだった。入り口に展示してある大判の写真パネルが往年の古賀さんのお人柄をそのまま伝えてくれるのが嬉しい。74歳当時の古賀さんの写真だけれど、オープンシャツを無造作に着て、眼鏡の奥からそそがれる視線が春のぬくもりのようにやさしいのだ。

会場を一巡すると、写真とパネル70点の資料が年代を追って展示され、１９８６年4月25日に永眠されるまでの82年にわたる古賀さんの生涯の中で、半世紀を超える動物園生活がいかに大きなものであったかが身に沁《し》みて伝わってくる。

この展示会のタイトルは「ＺＯＯ ＩＳ ＴＨＥ ＰＥＡＣＥ・動物園は平和そのもの」、古賀さんが戦後の荒廃した動物園の復興に取り組んだ際の口癖であり、動物園再生のスローガンでもあった。

終戦時、兵役に服していて動物園におらず、復員後に動物園の惨状を目《ま》の当たりにした古賀さんの心からの叫びだったにちがいない。それだからこそ、あの戦後間もない物不足、金不足の状況の中で、知恵を絞り、工夫を凝《こ》らして動物園を建て直し、荒廃した人々の心、とくに子どもたちへの心遣いを優先したのだ。

展示では、子どもたちへの3つの贈り物というコーナーで、動物映画館「かもしか座」の創設、日本で初めての「子ども動物園」の開設、そしてサルの運転手という意外性で人気を博した「おサル電車」が紹介されている。子ども動物園を除けば、今や面影すらとどめていないものだけれど、戦争で人気動物がいなくなった動物園で、「ＺＯＯ ＩＳ ＴＨＥ ＰＥＡＣＥ」の思いが滲《にじ》んでいる企画であった。

また、このスローガンの中には、戦争中に失った多くの動物たちへの深い思いが込められていると言ってよいであろう。それだからこそ、地球上の危機にある生物の保護に全力を注ぐ国際的団体、世界自然保護基金日本委員会（ＷＷＦＪ）・現ＷＷＦジャパンの創設に自宅を開放して奔走し、初代会長として心血を注いだのである。

ホールを出るともう雨は上がっていた。イソップ橋の上を鴨《かも》たちが飛んでいく……。

（２００３・12）

イリオモテヤマネコ

・21 世紀最大の発見「イリオモテヤマネコ」（沖縄・子どもの国動物園にて：1982 年）

その日はなぜか荒れ模様の天気だった。

5月4日朝、五月晴れにはほど遠い麻布十番街の街並みを抜けて興国山賢崇寺へと急ぐ。佐賀鍋島藩歴代藩主の菩提寺として知られるこのお寺で、動物作家、戸川幸夫さんの告別式が行なわれるのである。

先生のエネルギッシュな取材行動は業界でも有名で、二十一世紀最大の発見と言われたイリオモテヤマネコの発見もその成果だけれど10年ほど前から脳梗塞《のうこうそく》を患い、この1日に鬼籍に入られていたのである。

午前11時、銅瓦葺きの屋根をもつ荘厳な本堂では既に住職による読経が始まっており、愛犬を胸に抱いた戸川さんの遺影が、三々五々先生の遺徳《いとく》を偲んで集まってくる多くの人々を包み込むような温顔で迎えている。多くの出版関係の人々に混じって動物カメラマンの草分けと言われる田中光常さんやイヌ訓練業界の先達である藤井多嘉史さんなどの顔も見え、先生の動物界との強いつながりを感じさせる。

「中川さんと戸川先生のおつきあいも長いですね。イリオモテヤマネコ発見のその後を取材していたときに、一緒にお目にかかりましたものね」

隣席にいた、かねて顔見知りの新聞記者が当時を懐《なつ》かしむような面持ちで感慨深げに言った。

確かに、考えてみれば戸川さんと親しくしてもらったのは、もうかれこれ半世紀も前のことになるのだ。もちろん、私も動物園獣医という職業柄、先生の動物に関する造詣《ぞうけい》の深さや関心が並々ならぬものであることはよく存じ上げていたけれど、親しくおつきあいさせていただくようになったのは、やはりヤマネコが縁と言ってよいであろう。

とくに、捕獲されたヤマネコが西表島から空路、東京に運ばれ、当時の科学博物館動物部長・今泉吉典博士を経て戸川幸夫さんの自宅で飼養されるようになってからのことである。

考えてみれば、イリオモテヤマネコという野生捕獲の動物を、いかに動物作家とはいえ、飼育には経験のない人が飼育に取り組むということは実に大変なことなのである。しかも、その飼育は戸川さん自宅の庭に設置された飼育檻で、飼育は戸川さん自身が当たられるという特異な状況下にあった。期間的に見ても、昭和42年3月20日に羽田に到着し、今泉博士のところで1週間を過ごしたあとは、すぐに戸川さんに引き取られ、再び科学博物館の新設檻に収容されるまで828日間の長きにわたるのである。

「戸川先生のところにいるイリオモテヤマネコの調子がよくないので相談に乗ってくれませんか。実はドイツのヤマネコ研究家・ライハウゼン博士も心配されているので……」

当時（昭和42年）、上野動物園動物病院で臨床を受け持っていた私のところに、科学博物館の今泉動物部長から電話があった。晩秋の季節の上に冷たい雨が降り続く気候が災いして、鼻水を出し、呼吸も荒いという。

ライハウゼン博士は、当時、行動生態学で著名なマックス・プラン研究所の研究員であり数少ないヤマネコ研究の第一人者でもあった。博士は、イリオモテヤマネコが正真正銘の新種であり、ヤマネコの系統進化学の上でも貴重な存在であることを力説し、この飼育がどんなに重要な意味をもつかについても強い関心をもっていたのである。

私は、ライハウゼン博士の電話を聞き、病気の内容を考え、治療の方法を提案した。治療のための装置のことなども利用されるように話した。「そう、野生動物の飼育は、野生での生態研究家と動物園技術者のコンビネーションが大変重要です。とくに、新しい種類ではなおさらです……」

私は、ライハウゼン博士、科学博物館の研究者と共に都内・青山の戸川さんの自宅に伺った。庭に設置されている飼育檻を一目見て、私は、戸川さんのヤマネコ理解が表面的でないことをすぐに察知した。大きな檻の中に小さめの木檻を入れて巣材を敷きこむのは新入りネコの居室として、精神的な安定を得るために重要だし、近づくときにやさしく声をかけるのも必須なのである。

幸い、この病気は治癒《ちゆ》し、昭和44年に科学博物館に引き取られるまで、無事に戸川さん宅での飼育が成功裡に続けられたのである。

この間の戸川さんの詳細な記録は、著書『イリオモテヤマネコ』「昭和49年・自由国民社刊」に詳しいが、これがその後の研究の基礎として重要な役割を果たしたことは論を俟《ま》たない。

しかも、発見から飼育・生態調査まで、これほどの貢献をしておきながら、このヤマネコの名前に戸川さんの名を冠しようという提案には最後まで賛成しなかったという。

賢崇寺を囲む木々の緑が、折からの湿気を含んだ風に煽《あお》られてなびく。まるで沖縄・西表島の、あの大空を目指しているかのように……。

（2004・6）

Animals

飼育職人気質

・若き日の西山登志雄さんとクロサイ（写真提供：東京動物園協会）

今、職人という存在が見直されている。

機械化、効率化万能という20世紀の社会が確かに物質的には豊かさをもたらし、21世紀の繁栄を期待させたけれど、一方で心の貧困という大きな副作用をもつことが明らかになったからである。

その象徴的なこととして手づくりで物をつくり、心をこめるという職人の世界が改めて関心を集めているのである。生き物を育てるという最も自然的な分野ではとくにその傾向が強い。

１９６４年、イギリスのルース・ハリソンが「アニマルマシーン」を発表し、家畜飼育の機械化の行きすぎに警鐘を鳴らしたのもその１つであろう。動物園における動物飼育の世界でも職人を育てる環境は徐々に希薄化しており、危機感を抱く関係者は少なくない。野生動物を飼育するという分野こそ動物と心を通わせ、その実態を観客に伝えるという本来の姿こそ現代に求められているものであり、職人気質に通じると考えるのである。

その意味で、この10月9日に亡くなった「かば園長」こと西山登志雄さんは、飼育係として過ごした上野動物園時代はもちろん、請われて東武動物公園の園長になってからでさえ、その長い動物園生活を通して一貫して職人気質を貫いた稀有《けう》な存在ではなかったかと改めて思う。

そのことに関して忘れられないのは、彼が上野動物園西園の動物を担当していた1958年、動物たちが次々にレプトスピラ症という奇病にかかり、彼もまたその病気に侵《おか》されて瀕死《ひんし》の危険に晒《さら》されたときのことである。レプトスピラ症という病気はイヌに重篤《じゅうとく》な黄疸《おうだん》を起こす病気として知られているが、多くの野生動物にも感染の例があり、人間でもワイル氏病の名前で感染例が少なくない病気だ。しかし、このような病気が都会のど真ん中にある近代的な管理下にある上野動物園の動物に起こるとは正直言って私たち獣医でさえ予想外のことであった。

しかし、スピロヘータという特異な病原菌感染によるこの病気は意外なところから発生した。

1958年8月、西園不忍池池畔に設置されていた海獣プールに飼育されていたアシカが突然黄疸を発症し、次いで同じ仲間のオットセイが同様の症状を発して、急死したのである。その急激で特異的な症状から、さすがに私たちも「もしかして?」という疑いをもち、当時、レストスピラ症の世界的権威といわれた東京大学獣医学部の山本脩太郎教授に診断を依頼した。結果は陽性となり、不忍池周辺の動物はもちろん、西園に飼育されていたカバ、サイなどへの感染予防に徹底的な措置が取られたのだ。

ところがその矢先、まったくの予想外の出来事が起こって私たちを狼狽《ろうばい》させた。予防作戦の先頭に立って活躍していた西山氏が突然、体の不調を訴え、検査の結果、ワイル氏病の疑いあり、として東大病院に緊急入院となったのである。

飼育係が動物との共通感染症で入院隔離されるという事態は長い上野動物園の歴史の中でも初めてのことであった。私たちもこの事態に動揺したけれど、先頭に立って動物たちへの感染を防ごうとしていた西山氏の無念さは、ベッドで無言のゆえに一層私たちの胸に迫った。しかも西山氏の入院生活は、その後7か月に及んだのである。

闘病を強いられた西山氏の退院までになんとしても防疫作戦を完了させたいという私たちの思いは、アフリカ生態園のクロサイ、ルル（メス）のレプトスピラ症感染の発症によって打ち砕かれてしまった。西山氏もまた病後の体ながら、担当動物であり、愛してやまないルルの看病に死力を尽くして戦った。レストスピラ症というものの辛《つら》さ、恐ろしさを身をもって体験したがゆえに、看病には常軌を逸するほどの熱心さで臨んでいた。獣医である私たちが見ても鬼気迫るものがあった。

そのかいあってルルは3か月ほどの治療で奇跡的に回復し、さすがの感染症も終焉《しゅうえん》を迎えることができたかと愁眉《しゅうび》を開いたのである。

しかし、それから4年後の1964年10月、忘れかけていたレプトスピラ症が突然のようにクロサイのオス・サイタロウを襲ったのだ。しかも、急性で悪性、わずか4日間の経過で死亡してしまったのである。10月26日未明、不眠不休状態で看病に当たっていた西山氏と私は重い足を引きずりながら古賀園長に報告のため公舎に向かった。

古賀園長の顔を見るなり、西山氏の顔がゆがみ、堰《せき》を切ったように涙が溢《あふ》れ、号泣し、それが止まらなくなった。自分が同じ病に苦しんだがゆえにサイタロウの苦しみが胸に迫り、古賀園長の顔を見たとたんに堪《た》えきれなくなったのだ。

あれから40年の歳月が過ぎたけれど、未明の西山氏の号泣は、いまだに私の耳にはっきりと残っている。それは動物と心をひとつにする飼育職人のまさに権化《ごんげ》であった……合掌。

（2006・12）

増井光子さんを偲ぶ

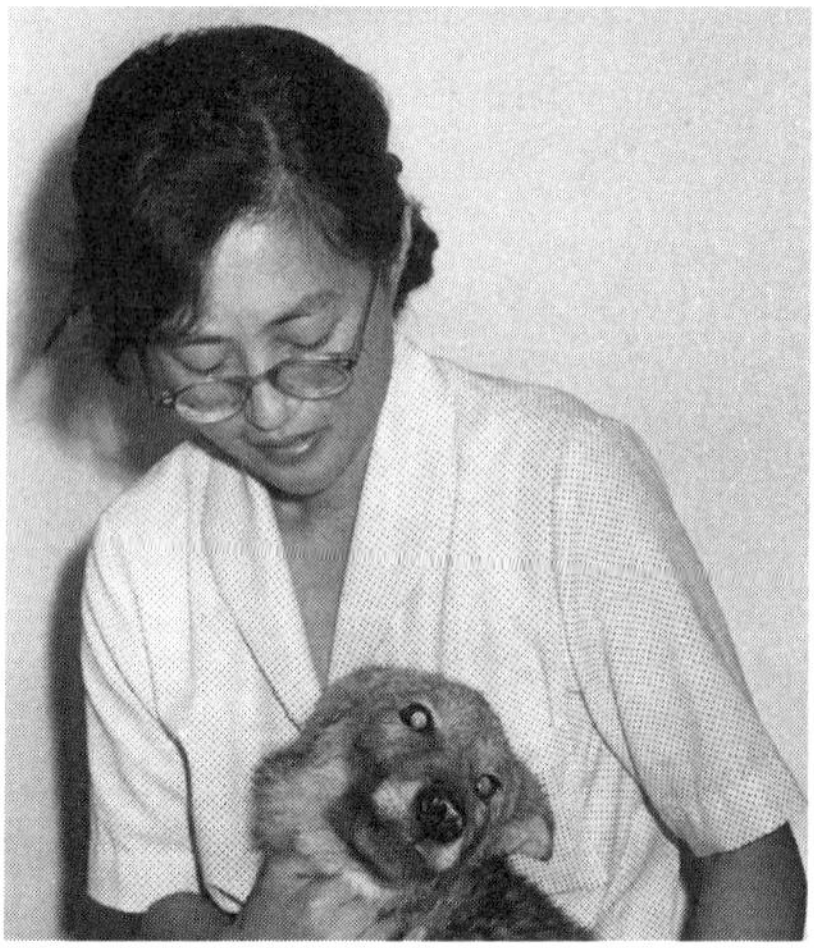

・上野動物園初の女性獣医師・増井光子さんは動物たちをこよなく愛した

7月13日の夜、突然の訃報《ふほう》があった。

イギリスで開催中の馬術競技に参加していた増井光子さんが、その競技途中、不慮《ふりょ》の事故によって亡くなったという衝撃的な知らせである。

「エンデュランスは楽しいですよ。長距離を馬に乗って野外を走るのは、乗り手も楽しいですが馬自身も楽しんでいるみたいですね……」

以前お会いしたとき「エンデュランス」という馬術競技に話が及んだとき、いかにも楽しそうに話しておられた増井さんの笑顔が脳裏をよぎる。

エンデュランスという競技は80キロ以上の距離を一定時間内に走破する馬のマラソンのような競技、日本でも1999年に公認競技になっており、増井さんはそれを機会に始められたようだ。

「長距離走は、順位はともかく完走したときの充実感がありますね。野外の景色も変わりますし……」

勝敗や順位よりも、馬と共に競技をやり遂げる充実感に重きをおいた増井さんだけに、今回の訃報は本当に信じられない思いであった。

それに、60歳になってから始めた競技といっても、大学時代から馬術に親しみ、上野動物園に馬が導入され、馬場がつくられて乗馬部ができるといち早くこれに参加、馬との交流は欠かしたことのない上、体力の維持にも人一倍神経を遣っていたのである。

上野時代、不忍池マラソンクラブの常連だったし、三軒茶屋の自宅から上野動物園までランニングで通ってきたという話は今や彼女を語る伝説となっているくらいなのである。

「それなのにどうして？」という思いが私の脳裏をかけめぐるのだ。

考えてみると、増井さんと私のつきあいは、ゆうに半世紀を超える。上野動物園の動物病院で同僚獣医として働いた期間だけでも10年の歳月を共に過ごした。今、その証《あかし》のように1冊の本が手元にある。『動物園親代わり日記』（中川志郎・増井光子著、サンケイ新聞出版局、昭和39年10月刊）、2人が、動物病院で遭遇した動物たちとの交流を一般向きに紹介したものである。

改めて読み返してみると、当時のさまざまな動物や飼育係とのやり取りがつい昨日のことのように蘇《よみがえ》ってくる。当時の動物病院には、私と増井さんのほか、同僚の浅倉獣医、あとから加わってきた若い獣医の曽谷・斉藤さんがいて、若さと活気に溢《あふ》れ、毎日が未知との遭遇、試練の連続であったことがよくわかる。

ページをめくってみると、日本では初めて出産を記録したオランウータンの空中出産のてんやわんや、歯を失った老齢ロバ・一文字に世界で初めて義歯を入れた顛末《てんまつ》、カバ・ザブコが思いもかけない糖尿病になり、インシュリンの投与に苦労した話など、今でもつい昨日のことのように思い出すことばかり……。

上野動物園始まって以来の女性獣医師、何かも初めて尽くしの環境の中で、随分と苦労も多かったはずなのに、そんな気配は微塵《みじん》も見せず、いつも颯爽《さっそう》とそれらに立ち向かっていた増井さん。

本当に根っからの動物好き、動物園好きの心の心棒がそれを可能にしたにちがいない。事実、この本の「あとがき」で増井さんは次のように書いている。

「動物園での生活は、私が幼いころから描き続けたものより、もっともっと、すばらしいものでした。私はひたすら技術を磨き、心から愛する動物たちが、健康で心安らかに、毎日を楽しく生活できるように、努めねばならぬと思っています……」

そして、その言葉通り、一生を懸《か》けて、それを追求した稀有《けう》の存在であったと思う。

それがあったからこそ、動物園勤務のかたわら学位を取得し、動物園卒業後は母校・麻布獣医科大学で教鞭をとり、再び動物園フィールドに戻って、横浜市よこはま動物園ズーラシアの園長として、新しい動物園路線を切り開き、さらに、乞われて兵庫県立コウノトリの郷公園園長（非常勤）となり、念願の野生復帰を果たすという、まさに前人未到の人生を歩むことができたのだと思う。

ただ、これだけの実績と実力をもちながら、常に真摯《しんし》で前向きの姿勢は変わらなかったのが増井さんの真骨頂と言ってよいであろう。

野生動物専門医制度が発足したとき、彼女は躊躇《ちゅうちょ》なくこれに応募し、見事合格しているのもその現れだ。管理職になり、現場から遠ざかっていると実力が落ち、急場の役に立たなくなるというのが受験の動機だったと聞く。

このように綴《つづ》ってくると、いかにも硬質の女性を想像されるであろうが、決してそうではない。こよなく「根付」を愛し、これを掌中《しょうちゅう》に愛《め》でるという繊細さを併せもつ稀有の存在であった。

今、不忍池《しのばずのいけ》には蓮《はす》の花が咲き、緑の薫風《くんぷう》が流れ、彼女がこよなく愛した動物たちとの再会の様子が見えるようだ。（2010・9）

【著者紹介】
中川志郎（なかがわ・しろう）
1930年茨城県生まれ。宇都宮農林専門学校（現宇都宮大）獣医科卒。1952年より上野動物園に獣医として勤務。ロンドン動物学協会研修留学の後、同動物園飼育課長。1984年、東京都立多摩動物公園園長。その間、初来日のパンダ、コアラの受け入れチームのリーダーを務める。1987年、上野動物園園長。東京動物園協会理事長。1994年、茨城県自然博物館館長。その後、茨城県自然博物館名誉館長、（財）日本博物館協会顧問、（財）全日本社会教育連合会理事、（財）世界自然保護基金ジャパン理事、（財）日本動物愛護協会理事長を歴任。2012年7月16日死去。主な著書に、『われら動物家族』（芸術出版社）、『愛の動物家族』（講談社）、『ヒト科ヒト属の診断書』（佼成出版社）、『動物考』（未来社）、『わが愛しき動物たち』（日本放送出版協会）、『パンダと話そうネコと遊ぼう』（データハウス）、『スージーの贈りもの』（海竜社）、『パンダは舐めて子を育てる』（WAC BUNKO）、『パンダがはじめてやってきた！』（中公文庫）他多数。

生き物はすべてつながっている
地球に生きる仲間たち

著者　中川志郎

二〇一三年四月二〇日　初版印刷
二〇一三年四月三〇日　初版発行

発行者　山下隆夫
発行　株式会社　ザ・ブック
東京都新宿区若宮町二九　若宮ハウス二〇三
電話（〇三）三二六六－〇二六三

発売　株式会社　河出書房新社
東京都渋谷区千駄ヶ谷二－三二－二
電話（〇三）三四〇四－一二〇一（営業）
http://www.kawade.co.jp/

印刷・製本　株式会社　シナノ

落丁・乱丁本はお取り替えいたします

ISBN 978-4-309-90979-0　C0095